스스로
마음을
지키는아이

스스로 마음을 지키는 아이

송미경(힐링유) · 김학철 지음

시공사

시작하며

육아育兒는 자신을 키우는 일育我이라고도 합니다. 이를 깨닫기 전까지 첫째 달님, 둘째 햇님, 셋째 별님이를 키우는 일은 저에게 해내야 할 과제이자 힘겹게 넘어야 할 산처럼 느껴졌습니다. 아이를 키우느라 포기할 수밖에 없었던 일들에도 늘 미련이 남았지요.

엄마이자 아내인 제가 힘들어하자 정신과 의사인 남편은 다양한 방법으로 도움을 주었습니다. 새벽에 퇴근해서 쪽잠을 자고 다시 출근하던 인턴 시절, 제가 고충을 토로하면 남편은 의자를 끌어와 제 앞에 앉아 저의 이야기를 경청하고 상담해주었습니다. 병원 일에 치여 눈코 뜰 새 없던 레지던트 시절에도 제가 아이들과 아침에 실랑이를 하고 있으면 지각을 감수하고 그럴 땐 어떻게 해야 하는지, 어떤 시각으로 나 자신과 아이들을 바라봐야 하는지 상세히 설명해주었습니다.

아이의 마음을 잘 아는 남편이 신기하기도 했습니다. 아무리 어르고 달래도 생떼를 부리던 아이들이 남편의 말 몇 마디에 금세 다른 아이가 된 듯한 모습을 볼 때면 남편이 참 부럽기도 했습니다. 부러워서였는지 질투에서였는지 남편의 조언이 늘 반갑지만은 않았습니다. 육아 분담은커녕 퇴근조차 매일 하지 못하는 남편의 사정을 머리로는 이해하면서도, 저에게 닥친 당장의 피로 때문에 남편이 원망스러울 때도, "그렇게 잘 알면 당신이 집에서 애들 키우든가!"라는 말이 저절로 나올 때도 있었습니다.

하지만 변하지 않는 것은 내가 아이들을 낳은 '엄마'라는 사실이었습니다. 남편이 아무리 육아에 참여한들 아이와 열 달 동안 몸으로 이어져 있던 엄마만이 해줄 수 있는 부분이 분명히 존재했고, 엄마와 아이의 관계에서 만들어진 엉킨 실타래는 엄마인 내가 스스로 풀어나가야 하는 것이지 남편이 대신 해줄 수 있는 것이 아니었습니다.

건강한 마음을 가진 아이들로 키우기 위해 엄마인 제가 먼저 건강한 마음을 가져야 했습니다. 이를 위해 남편은 언제나 큰 도움을 주었고, 40년 넘게 정신과 전문의로 환자를 만나고 계신 시아버님께서도 오랜 지혜가 담긴 육아 조언을 아끼지 않으셨습니다. 덕분에 아이들을 키우며 보낸 그 시간은 저에게 치유와 성장의 시간이 되었습니다. 그렇게 남편과 시아버님께 조언을 얻어 아이의 마음과 엄마의 마음을 함께 키워나간 이야기를 옆집엄마 수다로 블로그에 기록하던 것이 많은 사랑을 받아 이렇게 책으로 엮이게 되었습니다.

돌아보면 저는 육아에 별다른 재능이 없는, 지극히 평범한 보통 엄마였기에 더 많이 배우고 깨달을 수 있었던 것 같습니다. 아무리 육아에 재능이 없는 평범한 엄마라고 할지라도, 이 책을 통해 아이와 마음으로 소통하는 법을 배우게 된다면 반드시 저와 같은 경험을 하게 되리라 믿습니다.

송미경 (힐링유)

1장

엄마는
모르는
아이 마음

내 아이가 맞고
들어올 때

달님이가 18개월쯤 되었을 때의 일이다. 하루는 시댁에 갔는데, 마침 집에 계시던 아버님께서 달님이를 데리고 놀이터에 나가셨다. 어떻게 놀아주고 계신지 궁금한 마음에 창밖을 내다보니 달님이는 두세 살 많아 보이는 남자아이 옆에서 모래놀이를 하고 있고 아버님은 멀찌감치 뒤쪽에서 달님이를 보고 계셨다. 그런데 나중에 아버님께서 들어오셔서 하시는 말씀에 나는 깜짝 놀랄 수밖에 없었다.

"덩치가 큰 남자애가 달님이와 놀면서 머리에 모래를 붓기도 하고 밀치기도 하더구나. 달님이는 화내거나 울지 않고 가만히 있었고, 그래서 나도 뭐라 하지 않고 지켜만 봤다."

"네?"

무작정 보호해야만 할까?

이상했다. 엄마인 나라면 보자마자 달려가 속상해하며 머리에 묻은 모래를 털어줬을 것이다. 상대 아이 엄마가 와서 살피지 않으면 화가 나기도 했을 것이고, 그 아이를 피해 달님이를 데리고 자리를 옮기려는 마음도 들었을 터였다. 그런데 아버님은 가만히 계셨다고 하신다.

"아버님. 전 잘 이해가 안 돼요. 그런 상황에서 보호자로서 가만히 있는 게 맞는 건가요? 아이가 다치지 않게 보호해주어야 하는 것 아닌가요?"

"그렇지. 보통 부모라면 아이를 보호해야 한다는 마음으로 자신의 아이가 당하는 것을 지켜보기가 힘들게다. 아이들끼리의 상황에 개입하거나 아이를 데리고 자리를 피하겠지. 하지만 얘야. 부모가 나서는 것이 아이에게 해가 될 수도 있다는 것을 생각해야 한단다."

"보호해주는 것이 오히려 아이에게 해가 될 수도 있단 말씀이세요?"

"그렇지. 평생 아이 곁에서 보호해줄 수 있는 것이 아니라면 말이다. 옛날 어른들은 아이가 맞고 들어오면 '때리면 때렸지 절대 맞지 마라!' '그놈 지금 어디 있어? 내 가만 안 둔다!' 했었지. '으이구 등신같이 맞고 다니냐!'라는 말도 쉽게 했단다. 물론 부모가 속상한 마음에 한 말이었겠지만 말이다.

하지만 그렇게 되면 아이는 '복수'를 배운단다. 당한 것을 갚기 위해 가슴에 화를 품고 미움과 증오를 키우지. 그리고 그렇게 자신이 키운 감정들로 인해 스스로 고통받게 된단다. 어쩌면 정작 아이 입장에서는 그리 화나는 일이 아니었는데 부모가 자기 화 때문에 아이한테도 화를 내라고 가르친 꼴이 될 수도 있지.

어릴 때는 그저 치고받고 하는 물리적인 '힘'에 대한 문제이지만 성인이 되어 사회에 나가면 그것은 지위나 역할에 대한 문제가 된단다. 그렇게 되면 엄마의 바람처럼 '맞으면 너도 때리고 와', '등신같이 당하고만 살지 마라', '부장님이 너를 무시했다고? 당하지만 말고 너도 똑같이 갚아줘!'라는 목표설정이 도저히 넘을 수 없는 벽처럼 되어버리는 경우가 허다해지지.

누구나 살다 보면 분명 자신의 지위나 힘으로 대항할 수 없는 상대가 있기 마련이다. '당하면 갚아야 한다'는 걸 마음에 새긴 아이가 그 '화'를 풀지 못하게 되면 그것은 아이 자신에게 안 좋은 방식으로 발현된다. '폭식', '음주', '흡연'과 같이 만만하지만 신체에

해로운 방식은 물론, '음모', '모함'과 같이 복수에 집착하는 마음 때문에 괴로워하다가 극단적으로 '폭력'이나 '살인'을 저지르는 일이 생기기도 한다. 그렇게 자신의 삶을 불리한 상황으로 몰고 갈수도 있단다.

아이를 보호해준다는 것이 어떤 경우에는, 아이가 스스로 자신이 맞닥뜨린 어려움을 어떻게 해결해가야 할지 터득해가는 기회를 뺏을 수도 있다는 것을 염두에 두어야 한다. 크게 위험한 상황만 아니라면, 아이 스스로 그런 일을 당했을 때의 느낌을 제대로 느낄 기회와, 그럴 때 어떻게 해야 할지 생각할 기회를 주려무나. 계속 보호해주다가 나중에 부모의 손이 미치지 않는 곳에서 갑작스러운 일을 겪는 것보다, 아직 어릴 때 양육자의 품 안에서 겪고 고민하면서 천천히 깨쳐가는 게 훨씬 낫지 않겠니?"

아버님 말씀을 들으며, 이 사회의 여러 이슈들이 떠올랐다. 만약 '당하면 갚아야 한다'라고 배운 아이가 나중에 군대에 가서 인간망종 상관을 만나 고생을 하게 된다면 어떻게 될까? 복수심에 휩싸여 '이럴 바엔 그냥 죽는 게 나아' 혹은 '다 죽여 버릴 거야' 하며 위험한 결정을 할 수도 있지 않을까? 회사에 들어가서도 안 맞는 사람을 견디지 못하고 '엄마, 그 인간 때문에 너무 힘들어. 그만둘래' 하며 매번 그만두는 방법으로 문제에서 도망치려고 한다면?

하지만 아무리 그래도 매번 참고 당하면서 살면 너무 힘들지 않을까? 옛 속담처럼 참을 인忍 자만 계속 쓰며 사는 것이 최선일까? 그게 아니라면 어디까지 참아야 하는 걸까? 이런 의문들이 마음속에 솟구쳤다.

항상 든든한 내 편이 있다는 느낌

몇 주가 지난 뒤, 다시 아버님께 여쭤보았다.

"아버님, 그럼 아이가 당하고 있는데도 가만히 보고만 있어야 하는 건가요? 살다 보면 강자에게 속수무책으로 당하게 되는 경우도 많을 텐데 아이가 그런 상황에서 현명하게 잘 처신하게 하려면 제가 어떻게 해야 하나요?"

"양육자인 어른의 기준으로 잘잘못을 따지기 전에 아이의 마음을 먼저 헤아려주어야 한다. 진심 어린 공감은 아이가 어릴 때뿐 아니라 평생 부모자식 간의 관계에서 중요한 윤활제가 된다. 만약 아이가 울거나 슬퍼하는 상황이라면 그 마음부터 함께 느껴주어야겠지.

'많이 아팠구나! 너무 아파서 눈물이 터져 나왔네. 아프겠다.'

15

'정말 속상한가 보구나. 나라도 정말 울고 싶었을 거 같아.'
'아이고, 아파서 어쩌니. 나도 가슴이 아프네.'

진심으로 아이의 마음을 느끼며 따뜻하게 안아주고 있으면 아이는 어느새 울음을 그칠 것이야. 시간이 좀 걸릴 수도 있지만, 그래도 기다려줄 수 있어야 한다. 감정에 복받쳐 울고 있을 땐 아무리 이야기를 해도 아이들은 못 듣는다. 아이가 우는 동안에는 조용히 아이의 감정을 느끼는 일에만 전념하고, 울음이 잦아든 후에 말을 건네거라.

'어떻게 된 일이야? 무슨 일이 있었니?'
'친구한테 맞아서 많이 아프니? 속상하지?'
'무슨 일이야? 엄마한테 천천히 이야기해줄 수 있어?'

아이가 스스로 상황을 설명하면 귀담아 들어주면 된단다. 섣부른 판단, 잘잘못을 가리기 이전에 우선 아이의 이야기를 들어주고 마음이 어땠는지 물어봐주렴. 아직 말을 잘 하지 못하는 아이라면 엄마의 질문에 더 서러워져서 크게 울 것이야. 그럴 땐 안아주고 토닥이며 엄마 입을 통해 아이의 마음을 설명해주면 된단다.

'저 친구가 때려서 아팠어? 그래서 울었구나.'

'갖고 놀던 장난감을 뺏겼구나. 속상하겠다.'

이렇게 공감을 해주면, 아이의 마음속에 나의 편이고 내 마음을 알아주는 사람으로서의 부모 상이 형성될 거다. 이 부모 상은 아이가 성인이 되고 부모가 이 세상에 없을 때도 힘들 때 의지할 수 있는 든든한 기둥이 되어준단다."

"아버님, 그런데 마음만 알아준다고 아이들에게 위로가 될까요? 어른에게 일러서 친구를 혼내주고 싶어 하는 경우도 있을 텐데 그럴 땐 어떻게 해야 하나요?"

"고자질하는 아이들은, 이전에 고자질로 이득을 보았기 때문에 그러는 것이다. 자기가 원하는 걸(장난감을 되찾아준다든지, 대신 혼내 준다든지) 부모가 해주었기 때문이지. 뺏긴 물건을 자기 힘으로 되찾고, 할 말도 스스로 하는 어른으로 크기를 바란다면 부모는 아이에게 있어 시시비비를 가리는 판사가 되기보다 마음을 들어주는 친구, 마음을 들여다보게 도와주는 길잡이가 되어주는 편이 낫단다. 이는 형제자매 간의 문제에 있어서도 마찬가지이다. '누가 옳네, 그르네. 네가 사과해라, 네가 잘못했네' 하면 누군가는 억울해지지. 저마다의 기준으로 옳은 행동을 했었을 테니까.

아이들 간의 다툼에서 보호자는 서로의 생각과 감정을 알게 해주는 다리의 역할을 하면 된다. '나는 이래서 이랬어. 너는 왜 그랬니? 네가 그래서 난 속상했어. 아팠어.' 이렇게 감정을 이야기하는 연습을 하다 보면 형제자매 간이든 친구 간이든 대화로 상황을 풀어갈 수 있게 된다. 감정을 말로 풀어내면 서로의 입장을 이해할 수 있게 되고 자신의 감정을 설명함으로써 마음에 고인 화를 풀어낼 수도 있다."

"그럼, 제가 보기에도 아이가 분명히 억울한 상황일 때는 어떻게 이야기를 해주어야 아이 마음이 풀릴까요? 사실 지켜보는 제가 더 속상할 때도 있거든요."

"우선 아이가 강자에게 물리적으로든 정신적으로든 위해를 당했을 경우 자신이 왜 그 상황에 놓이게 되었는지 이해할 수 있는 능력을 키워주어야 한다. 그럼으로써 이미 벌어진 상황을 받아들이고, 그것으로부터 벗어날 길을 모색하고, 또 앞으로 그런 상황에 처하는 것을 피할 수 있게 되기 때문이지.

지금 달님이한테 '강자'는 나이가 조금 많거나 기운이 센 아이이겠지만, 성장하여 사회 속으로 가면 능력과 지위, 인간관계가 '힘'의 근간이 된다. 유치원이나 초등학교에서도 교우관계가 좋은 아이는 함부로 건드리지 못한다. 그 아이를 때리거나 위협했다가는 다른 친구들에게 미움을 살 수 있으니까 말이다.

아이의 이야기를 들으면서 그 마음을 곰곰이 느껴보고 '네가 그렇게 억울했구나!', '정말 속상했겠다!'와 같이 온전히 아이 편이 되어주면 되는 거란다. 내 아이의 편이 되어주는 방법은 상대방 아이를 혼내주거나 그 부모에게 따지는 게 아니다. 마음을 기대어 위안을 얻을 수 있는 버팀목으로서 아이가 느낄 수 있게 시간과 마음을 쓰는 것이지. 그런 뒤에 상대가 왜 그랬을지 함께 생각해보고 다시 당하지 않으려면 어떻게 해야 할지 고민해보는 게다."

감정을 깨닫고 표현할 수 있게

"가장 중요한 것은, 강자에게 당했을 경우에 '화'를 가슴에 품거나 복수심을 키우지 않도록 도와주는 것이란다. 왜냐하면 그런 경우 가장 고통받는 것은 자기 자신이기 때문이다. 하지만 모든 일에 돌부처처럼 화가 안 날 수는 없는 법이지. 게다가 어린아이의 경우 상대의 행위와 말을 이해할 수 있는 경험이 부족하니 상대방이 자신의 뜻과 다른 행동을 하면 울음을 터뜨릴 수밖에 없을 것이야.

바로 그때, 즉 아이가 울거나 화를 낼 때, 그 마음에 대한 공감

없이 단순히 울음을 멈추려는 목적으로 '괜찮아, 울지 마'라고 하기보다 복받치는 감정을 건강하게 표출하는 방법을 알려주어야 한다.

화가 날 때 화를 억누르게 하면 그것은 가슴에 독으로 쌓인다. 아이가 화를 표출할 수 있게 도와주렴. 화내는 것은 죄가 아니다. 요즘 부모들은 화를 내는 것이 죄라는 생각을 너무 당연한 듯 가르치고 있다. 그것이 교양이고 바른 사람으로 키우는 것이라는 믿음 때문에 그렇겠지.

하지만 다른 사람과의 소통을 위해서라도 기분이 나쁜 일, 화가 나는 일에 대해 '나는 기분 나쁘고 화가 난다' 하고 분명히 표현해 낼 필요가 있다. 이것을 건강하게 표현할 수 있는 기술을 익힐 수 있도록 부모가 도와주어야 한다는 것이란다.

그렇다면 아이가 감정을 분명히 표현하게 하려면 어떻게 해야 할까? 네 살 아이의 경우를 예로 들어보마.

엄마 : 저 친구가 장난감으로 머리를 때려서 너무 아팠구나! 화가 나지? 그럴 땐 이렇게 하는 거야. 자, 엄마 따라 말해봐!
"왜 때려! 네가 때려서 내가 아프잖아!"
아이 : "왜 때려! 네가 때려서 내가 아야 하잖아!"
엄마 : "자꾸 때리면 난 너랑 놀기 싫어져!"

아이 : "자꾸 때리면 난 너랑 놀기 시러져!"

이렇게 말로 감정을 표현하게 하는 것이다. 그 뒤에 때린 아이가
사과를 하고 안 하고는 그 아이 부모의 몫이다. 부모가 평소에 아
이를 어떻게 가르쳤는지에 달린 것이지. 아이가 크면서 필요할 때
사과를 하지 않아 겪게 될 일도 그 아이와 그 아이를 가르친 부모
가 감당해야 할 몫일 뿐이니 관여할 일이 아니다.

아이에게 절대 하지 말아야 하는 말이 있다. '너는 허구한 날 맞
고만 다니냐!' '바보같이 당하고만 있었어!?' 이런 말은 아이를 두
번 죽이는 말이다.

육아는 '~구나'가 중요하다. 부모의 역할은 그랬구나, 아팠구
나, 속상했겠구나, 슬펐겠구나, 당황했겠구나 하고 공감을 해주고
바람직한 방향으로 이끌어주는 것이지 아이를 비판하거나 평가하
는 것이 아니다. 대신 아이가 스스로 깨닫도록 생각할 길을 열어
주고 시간을 주어라."

아버님 말씀을 모두 들은 뒤 언젠가 남편이 한 말이 떠올랐다.
정신과 진료실에서 만나는 아이들의 상당수가 어른들의 기준으로
보았을 때 '순하고 착한' 아이들이라는 것이다. '화를 어떻게 내야
하는지 배운 적이 없는', '그래서 무조건 참는 것을 잘 하는', '감정

을 말로 표현하는 것이 서툴러서' 고통을 겪는 아이들이라는 말이었다.

처음엔 감정을 표현하는 방법을 잘 몰랐던 어린아이들도 계속 엄마가 옆에서 말로 표현해주고, 특히 슬프거나 속상하거나 억울한 감정을 응어리가 풀어질 때까지 차근차근 표현하도록 연습시키다 보면 점점 세련되고 효과적으로 상대에게 자신의 감정을 표현할 수 있게 되는 것을 볼 수 있다.

자신의 감정을 어떻게든 더 자세히 설명하려고 노력하는 아이의 모습을 볼 때 나는 그들의 생명력을 느낀다. 그리고 그럴 때 나는 아이들의 말에 조금 더 귀를 기울여 아이가 지금 느끼는 감정과 생각을 잘 표현해내는 단어를 아이에게 건넨다. 이렇게 주거니 받거니 서로의 마음을 읽고 얘기하는 연습을 계속 하면서 엄마인 나와 아이가 함께 커가는 육아의 시간이 되었다.

엄마의 감정과
아이의 감정을 구분하기

내 아이가 부당한 일을 당하는 모습을 볼 때 부모라면 누구나 억울하

고 화가 날 겁니다. 하지만 바로 그때, 나의 감정에만 휩쓸리지 말고

당사자인 아이가 느끼고 있는 감정이 무엇인지 살펴보세요. 자칫하

면 엄마로서 내가 느끼고 있는 감정을 아이가 느끼고 있는 감정으로

혼동하기 쉽답니다.

그렇게 되면 엄마가 화가 났다고 해서 가만히 있는 아이를 부추겨 화

를 내게 만들거나, 반대로 엄마가 보기에는 별일 아니라면서 너무 억

울하고 화가 나는 아이의 감정을 무시해버리는 일이 벌어지게 되죠.

그럼 아이는 자신의 진짜 감정을 느끼고 알아차릴 수 있는 기회를 잃

어버립니다.

무조건 화를 참는 것은 무조건 화를 내는 것만큼이나 바람직하지 않습니다. 마음이 건강한 사람은 자신이 느끼는 감정이 무엇인지 정확하게 알고 적절하게 표현할 수 있는 사람입니다. 그런데 자신의 감정을 적절하게 표현할 수 있으려면 우선 자신이 느끼는 감정이 무엇인지부터 정확히 느끼고 알아차려야 하겠지요.

아이가 자신이 느끼는 감정을 정확히 알 수 있도록 도와주는 방법은 엄마가 먼저 자신의 감정을, 아이가 느끼고 있는 감정과 구별해내는 연습을 하는 것입니다.

물건을 망가뜨린
아이에게

　엄마라면 누구나 알 것이다. 갑자기 조용한 시간이 지속되면, 아이가 잠이 들었거나 뭔가 수상쩍은 일이 벌어지고 있는 것이라는 사실을. 그날도 그랬다. 아침에 일어나 보니 달님이는 일찌감치 일어나 거실 창가에 서 있었다.

　'앞 동에 누가 이사 왔나?'

　아파트에 누군가가 새로 이사를 오는 날이면 우리 집 아이들은 사다리차가 오르락내리락 하는 모습을 구경하느라 아침도 안 먹고 창가에 붙어 서 있곤 한다. 재활용품 수거차량이 오는 시간에는 집게차가 후진하며 내는 삐삐 소리에도 벌떡 일어나 창가로 달려가는 아이들이다.

달님이는 벌써 깼고 햇님이 별님이도 곧 일어날 테니, 나는 어서 아침을 준비해야겠다 싶어 분주히 움직이려고 했다. 그러다가 뒷목을 스치는 서늘한 느낌에 멈칫하며 고개를 돌려 보았는데, 아 이런. 냉장고 앞에 식탁의자와 보조의자가 2단으로 아슬아슬하게 쌓여 있는 것이다.

왜 그랬는지 들어보세요

우리 집은 날카로운 칼이나 가위 같은 위험한 물건을 냉장고 위 작은 바구니에 넣어둔다. 아이들은 눈에 보이면 우선 손에 쥐고 싶어 하기에 자칫하다간 다치기 쉽다. 그래서 매번 꺼내 쓰기 좀 불편해도 위험한 물건은 아예 눈에 보이지도 않게 치워놓은 것이다. 그런데 다른 곳도 아니고 저 높은 곳에 보이지도 않게 넣어둔 것을 꺼내려고 위험천만하게 의자를 쌓아놓은 모습이라니.

범인은 혼자 깨어 있는 달님이가 분명했고, 가위나 칼을 손에 쥐고 있다 생각하니 우선 아이가 걱정이 되어 쏜살같이 달님이에게 달려가 보았다. 그런데…. 다가가서 봤더니 베란다 창문의 버티컬 블라인드 한 줄이 싹둑 잘려 있는 것이다.

"달님아! 이게 뭐야! 너 누가 함부로 가위 꺼내서 이런 거 자르래? 응?"

엄마가 쿵쾅거리며 달려와 소리를 내지르자 달님이는 가위질을 멈추고 멍하니 엄마를 본다.

"가위질 하려면 종이도 많은데 왜 이걸 잘라! 네가 햇님이 별님이처럼 아기도 아니고 여섯 살이나 됐는데 뭘 잘라야 하는지 아닌지 구분이 안 되니? 이걸 어째. 이건 한 줄만 살 수도 없는 거란 말이야."

계속되는 엄마의 야단에 눈물이 그렁그렁하던 달님이는 급기야 '으앙' 하고 울음을 터뜨렸다. 달님이가 울든 말든 난 여전히 씩씩거리고 있었고 심상치 않은 분위기를 느낀 남편이 우리에게 다가왔다.

"달님이 왜 울고 있니?"

"엄마한테 혼났어요. 엉엉."

"왜 혼났는데?"

"제가 잘못해서 이걸 잘랐어요. 엉엉."

"이런. 달님이가 우리 집 커튼을 잘랐구나!"

"힝."

"근데 달님아. 왜 이걸 잘랐니?"

나는 남편의 질문을 가로채서 대답했다.

"여보. 가위질 하고 싶었으니까 잘랐겠지 뭐겠어?"

"음. 달님이도 나름의 이유가 있었을 거야. 들어보자"

엉엉 울던 달님이는 변호의(?) 기회가 주어지자 눈물을 닦으며 말을 시작했다.

"가위로 뭔가 자르고 싶은데 내 색종이는 종이접기 해야 해서 소중하고… 그냥 종이는 편지 쓰고 그림 그려야 해서 소중하고… 이면지는 엄마가 아껴 쓰라고 했고… 이거(버티컬블라인드)는 소중한지 안 소중한지 잘 모르겠어서… 잘라보았어요."

"그래? 그럼 이제 이 블라인드가 엄마에게 소중한 거 같니, 아니니?"

"엄마한테 소중한 거 같아요. 훌쩍훌쩍."

"그래. 달님이가 이번 기회에 이 블라인드가 엄마에게 소중하다는 걸 알았구나."

응? 뭐지? 뭐가 소중하다고???? 아니, 뭐 사실 그 블라인드가 소중하다기보다는…. 이야기가 이렇게 진행되자 좀 멍한 기분이 들었다.

나는 그냥 아무 생각 없이 잘랐을 거란 생각에 왜 그렇게 주의 깊지 못하냐고, 이제 그 정도는 구분할 수 있는 거 아니냐고 다그쳤는데⋯. 무언가를 자르고 싶었던 마음을 참지 못한 것은 사실일 테지만, 만으로 다섯 살도 안 된 아이가 얼마나 절제하고 자제하길 바란 것인지⋯.

달님이는 자기 나름대로 판단을 하고 행동한 거였다.

'종이는 그림 그려야 해서 중요하고 쓸모가 있는데 블라인드는 엄마가 귀하다고 말한 적이 없잖아. 엄마는 이면지도 아껴 쓰라고 했어. 그리고 블라인드는 많으니까(슬랫이 여러 개) 하나쯤 잘라도 되겠지?'

아마 이런 생각으로 싹둑 잘랐으리라.

사실 이 버티컬블라인드는 결혼 후 6년간 살던 집에서 내내 써서 먼지며 때며 많이 묻어 얼룩덜룩한 상태였다. 그런 데다 이사 온 집에는 크기도 맞지 않아서 임시로 사용하고 있던 그야말로 애물단지였다. 남편과 달님이의 대화를 듣고는, 이 소중하지도 않은 버티컬블라인드 때문에 "왜 그랬니?"라고 물어보지도 않고 달님이를 다그쳤던 나 자신이 부끄러워졌다.

분명 지금 당장 나는 아이에게 사과를 해야 했다. 내 사과가 늦어지면 늦어질수록 아이는 엄마가 자신보다 저 버티컬블라인드를 더 소중하게 여긴다는 느낌을 갖는 시간이 늘어날 것이다. 그 시간은, 그 느낌에 휩싸이는 시간은 1분 1초가 처절할 것이다.

엄마에겐 네가 더 소중하단다

달님이처럼 나도 어릴 적 호되게 혼난 적이 몇 번 있다. 한번은 아빠가 프랑스 출장을 다녀오신 길에 사 오신 향수를 미미 인형 머리에 쏟아 부었을 때였다. 80년대 중반에 프랑스 향수는 흔한 물건이 아니었기 때문에 엄마는 그 향수를 꽤 아꼈다.

그 모습을 보며 나는 화장대 위 귀하게 모셔둔 그것을 한번 써 보고 싶었고, 아끼는 인형에게도 좋은 향기가 났으면 하는 마음에 일을 저질렀다. 방 안에 온통 진동하는 향수 냄새에 엄마가 달려와 내 모습을 발견하고는 이성을 놓고 구둣주걱을 휘두르셨던 기억이 난다.

또 한번은 피아노를 산 다음의 일이었다. 큰딸인 내가 피아노학원을 다니기 시작하면서 엄마도 어릴 때부터 소원하였던 피아노 배우기를 시작하셨다. 엄마는 새로 산 피아노를 매일 반짝반짝 광이 나게 닦으실 만큼 애지중지하셨다. 그런데 어느 날 내가 한쪽 건반 끝 쪽에 턱을 대고 피아노 한 귀퉁이를 물고 있다가 앞니로 사각사각 긁어서 긴 이빨자국을 냈다. 짙은 갈색 나뭇결의 피아노에 하얗게 이빨 자국이 난 것을 보자 엄마는 금세 괴물로 변했다. 그 이후 나에게 남은 것은 피아노와 향수가 나보다 훨씬 귀한 존재라는 느낌이었다.

그러면서 몇 시간 후, 나는 아무 일 없었다는 듯 나를 껴안는 엄마가 어색하게 느껴졌고, 사랑한다는 그 말이 너무나 당연한 거짓말처럼 느껴졌다. 엄격하게 혼낸 것이 미안해 더 잘해주려고 했던 엄마 마음을 아이 낳고 나서는 이해하게 되었지만, 그때 쪼그라든 내 안의 나는 여전히 움츠린 채 고개를 묻고 있다. 그런데 그까짓 블라인드 때문에 세상 그 어느 것보다 소중한 내 자식에게 자칫하면 내 어릴 적의 그 슬픈 느낌을 그대로 물려줄 뻔한 것이다. 그런 생각을 하자 가슴이 아려왔다.

나는 달님이를 꼭 안아주었다. 그리고 사과했다.

"달님아. 미안해. 엄마가 소리 질러서 많이 놀랐지? 화내서 미안해. 엄마가 순간 너무 놀랐거든. 물론 달님이보다 저 블라인드가 소중해서 화낸 건 아니었어. 비교도 안 되지. 달님이는 엄마에게 세상에서 제일 소중한 아이니까. 그래도 가구나 벽지같이 우리 집에서 항상 같은 자리에 있는 것들은 자르거나 낙서하지 않으면 좋겠어. 우리 가족을 위해서 엄마 아빠가 힘들게 번 돈으로 마련한 거거든."

달님이가 엄마의 사과와 부탁을 듣고는 울음을 그치고 해맑게 웃으며 말한다.

"엄마. 그럼 저 책상 위 봉투는 엄마가 요즘 소중히 여기는 거잖아요. 그래서 봉투에다 안 하고 책상에다 낙서했는데, 그러면 안 된다는 거죠?"

중요한 서류를 망치지 않은 대신 책상에 유성매직이라니….

이 일이 있은 후, 아이들에게 마음껏 종이를 오리고 낙서하는 시간을 정기적으로 마련해주고 있다. 신문지나 커다란 전지부터 시작해 목욕하며 화장실 벽에 그림 그리기, 비 오기 전날 아스팔트 바닥에 분필로 그림 그리기 등 말이다.

아이의 행동에는
이유가 있다

아이를 야단치고 나서 뒤늦게 찜찜한 마음이 들어 괜히 더 잘해준 적
이 한 번쯤은 있으시죠? '야단치는 것 말고는 방법이 없었을까?' '좀
더 현명한 엄마라면 차분하고 조리 있게 설명해서 알아듣게 할 수 있
지 않았을까?' 하고 고민하기도 하고요.

봄에 꽃가루가 날리면 재채기가 나고, 여름에 매미가 울어대면 귀가
따갑습니다. 그러나 가만히 들여다보면, 세상의 그 어떤 생명체도 이
유 없는 행동을 하지는 않습니다. 이유 없이 피는 꽃은 없고 이유 없
이 우는 새도 없습니다.

아이라는 생명체가 하는 행동에도 항상 분명한 이유가 있습니다.
다만 그것을 알아차리지 못한 어른이 아이에게 섣불리 화를 내는

것입니다. 마치 어리석은 이가 꽃가루를 탓하고 매미를 원망하듯

말이에요.

아이가 저지른 엉뚱한 행동에 화가 난다는 것은, 아이로 하여금 그러

한 행동을 하도록 만든 자연의 깊은 섭리를 내가 아직 이해하지 못하

고 있음을 의미합니다.

이 사실만 마음에 분명히 간직한다면, 홧김에 아이를 야단치고 뒤늦

게 후회하는 일은 없을 거예요.

가짜 공감,
진짜 공감

추운 겨울날이었다. 달님이가 유치원 하원 후 머리가 아프다고
하더니 끙끙 앓기 시작했고, 이틀 뒤부터는 햇님이와 별님이도 열
이 나기 시작했다. 그렇게 우리 집은 3인 병실 체제가 가동되어 밤
이 낮이고, 낮이 밤이었다.

일주일이 지나 아이들의 기침이 잦아들었고, 나는 오래간만에
오전 약속이 있어서 아침 일찍 일어나 외출 준비를 했다. 아이들
을 등원시킨 뒤 오랜만에 바깥바람을 쐴 생각을 하자 마음이 설레
었다. 현관 앞에 등원 가방을 챙겨놓았고 아이들이 입을 옷과 아
침식사도 준비해놓았으니, 이제 아이들만 일어나면 된다.

가장 먼저 셋째 별님이가 일어났다. 그런데 목에 염증이 남았는

지 일어나자마자 쉰 소리로 징징대기 시작한다. 갓 두 돌이 된 별 님이는 아침에 일어나 기분이 좋으면 아직은 배가 고프지 않다는 뜻이고, 징징대며 일어나면 '빨리 입에 무언가를 넣어주세요' 하는 신호이다.

"엄마. 아파 아파~~~."

"아이구, 우리 별님이 목이 아파?"

"응. 목 아파 아파. 배고파."

"배고파? 오늘 아침은 죽인데 죽 먹을까?"

"시여시여. 배고파아. 빵, 빵."

"알았어. 빵 줄게. 잠깐만 기다리자. 오븐에 따뜻하게 구워줄게."

"시여시여. 지금지금!"

"별님아. 빵 먹으려면 식탁에 앉아서 기다려야지. 울지 말고."

"시여시여. 흑흑흑흑."

별님이는 이내 주저앉아 울기 시작한다. 얼굴은 콧물로 범벅이 된 채 눈물을 뚝뚝 흘리며 운다. 아니 이상하다. 울다가도 먹을 것을 준다고 하면 벌떡 일어나 자리에 앉아 기다리는 아이인데 오늘은 왜 이런담. 목이 많이 아픈가? 컨디션이 안 좋은가? 서럽게 흐느껴 우는 별님이를 보며 나는 안절부절못했다. 급하게 빵을 데워 식탁에 내놓으니 아이는 더 크게 운다.

"이 빵 말고. 이 빵 시여~."

"그럼 어떤 빵 줄까? 식빵 줄까?"

"응. 식빵식빵. 버터버터."

이제 뭔가 엄마가 제 말을 알아들었구나 싶은지 식탁에 앉은 별님. 식빵을 데워 오니 별님이는 "접시~ 접시~ 컵~ 컵~~~" 하면서 또다시 목 놓아 울기 시작했다. 아이고야. 이 녀석 도대체 오늘 왜 이러누.

엄마의 착각

어느새 옆에서 바라보고 있는 남편. 출근이 늦어 정신없이 준비하는가 싶더니 나의 황망한 표정에 마음이 쓰였나 보다.

"여보. 우선 별님이 좀 안아줘 봐."

"응? 아, 응."

품에 꼭 안으니 서러운지 더 크게 한번 울다가 이내 울음이 잦아들었다.

"당신, 많이 바빠?"

"아니. 애들 등원 시간 다 되어서 준비시키느라 그러지."

"되게 바쁜 거 같아. 별님이 눈을 한번 쳐다보지도 않고 이야기하네. 안아주지도 않고."

"별님이가 오늘 감기 때문에 컨디션이 많이 안 좋은가 봐. 얘가 왜 이러지."

여기까지 대답하자 남편은 알겠다는 표정으로 끄덕이고는 우선 출근 준비를 마저 하러 방에 들어갔다. 그렇게 아이들을 등원시키고 나니 옷을 갈아입던 남편이 나를 불렀다. 출근 시간이 지났지만 꼭 해주고 싶은 이야기가 있다고 했다.

"여보. 니체의 '독수리와 양'* 이야기 알아?"

"아니, 나 니체 책은 읽어 본 적 없는데?"

"그거 알아? 독수리가 양을 들 수 있대. 큰 양을 두 발로 움켜쥐고 날아가서 잡아먹는대. 근데 독수리가 양을 잡으려고 쫓아오면 양이 그렇게 짜증을 낸다는 거야."

"양이 짜증을 낸다고? 독수리에게 양이 짜증 내는 걸 사람들이 봤대?"

"음, 그건 아니지만…. 그럼 말을 바꾸어서, 양이 독수리를 증오한다고 한번 해보자. 양이 왜 독수리를 증오하는 것 같아?"

"자기를 잡으려고 쫓아오는 독수리가 무섭고 피하고 싶으니까

---

* 남편이 아이와 제 모습을 니체의 이야기에 적용시켜서 설명한 에피소드입니다. 조금 부족할 수도 있지만 독수리와 양 이야기에 대한 또 다른 해석으로 생각해주세요.

그렇겠지."

"그럼, 양이 무섭고 피하고 싶은 천둥번개와 지진을 맞닥뜨렸다면 그것을 일으키는 대자연을 증오할까?"

"뭐, 날씨나 흔들리는 땅을 미워하지는 않을 것 같은데?"

"그래. 그렇다면 양은 왜 독수리를 미워하고 증오할까?"

"양 마음을 내가 어떻게 알아. 너무 어려워. 모르겠어. 그냥 싫겠지. 자기를 해치려 하니까."

"이 이야기 속의 양은 자신의 입장에 갇혀 상대방을 원망하는 사람을 은유적으로 묘사한 거야. 양이 아닌 독수리 입장에서 생각해보자. 독수리는 살아남기 위해서 먹어야 해. 쥐도 먹고 토끼도 먹고, 양처럼 무거워서 사냥이 힘든 것도 배고프면 마다하지 않지. 자연의 법칙대로 살기 위해 사냥하고 먹어. 하지만 양은 그렇게 생각하지 않아. 양이 보기엔 독수리가 자기 말고도 먹을 수 있는 게 많거든. 개도 있고 토끼, 닭 등, '나 말고도 먹을 수 있는 게 많은데 왜 하필 나지? 하다못해 양떼만 보더라도 다른 양들이 얼마나 많아? 근데 왜 저 독수리 녀석은 나를 쫓아오고 난리야!' 하고 생각하는 거야.

하지만 이것은 양의 대단한 착각이야. 독수리는 그저 자연의 법칙대로, 생존을 위해 지금 눈앞에 있는 양을 잡으려 한 거야. 독수리는 할 수만 있으면 해야 하는 입장이야. 양은 그런 사실을 무시했어. 그래서 독수리를 악당으로 규정하고 자신은 억울한 피해자라고 생각하게 되는 거야. 하지만 그런 맥락에서 생각해보면 양 또한 들판에 있는 풀의 입장에서 봤을 때 대단한 악당인 셈이지.

아이들도 자연의 순리에 따라 행동한다는 점에서 독수리와 똑같아. 자기 안에서 올라오는 감정 그대로 울기도 하고 웃기도 해. 어른과 마찬가지로 아이 역시 불편함을 느낄 수 있는 능력은 있지만 자신이 불편해하는 것이 정확히 무엇인지 어른처럼 파악할 수 있는 능력은 없어. 그래서 울음이나 짜증이 터져 나오는 거지. 배가 고픈 건지 목이 아픈 건지 졸린 건지 확실히 모르는 채로 일단 이거저거 던져보는 거야. 아이가 이거저거 던져보고 엄마도 이거니 저거니 묻다 보면 그 무언가를 찾아내어 채워줄 수 있고, 그때 아이는 울음을 그쳐.

당신은 지금 양처럼 착각을 하고 있는 것 같아. 아이가 울 필요도 없는데 운다는 착각. 저 상태가 옳지 않다고 생각하고 어떻게든 우는 것을 멈추게 하려고 해. 아마 당신 마음속에서는 이런 생각들이 들었을 거야. '원래 이렇게 울지 않는 애인데 왜 울지?' '배고픈 거 같으니까 밥 좀 먹으면 기분이 나아질 거야.' '빨리 먹이고 등원시켜야 하는데. 그만 좀 울지.'

이런 생각들은 양이 하는 착각이랑 똑같아. 마치 독수리가 '굳이 사냥을 안 해도 되는데 사냥을 한다'고 생각하는 것처럼, 이 아이가 '울지 않아도 되는데 울고 있다'고 생각하는 거야. 엄마가 아이 마음에 집중하지 않고 자기 생각에만 빠져 있어서 아이를 온전히 받아들이지 못하고, 아이가 엄마의 뜻에 따라서 행동하기만을 바라는 거야.

아이는 자연 그대로의 본성대로 행동하고 표현해. 자신의 느낌과 생각을 감추지도 않고 과장하지도 않아. 마치 봄이 되면 싹이 피어나는 것처럼 자연스러운 순리에 따라 행동하는 거야. 하지만 어른들은 자기가 불편한 것에만 신경 쓰느라 그런 아이의 모습을 자연스러운 것으로 받아들이지 못해. 그래서 '아이가 울 수밖에 없는 감정'을 들여다보지 않고 일단 자신의 귀에 거슬리는 울음소리만 그치게 하려고 하지. 그런 행동은 과수원 주인이 꽃가루 날리는 게 싫다고 과일 나무에 맺힌 꽃봉오리를 다 떼어버리는 것과 똑같아. 아마 가을이 오면 열매를 맺지 않는 나무를 보며 자신의 행동을 후회하게 되겠지."

질문보다 공감을

남편의 이야기는 일리가 있었다. 하지만 나는 아이들을 직접 돌봐야 하는 엄마이다. 엄마 입장에서 아이의 불편함을 빨리 알아내고 원하는 대로 해주어 안정시키려는 게 무조건 잘못된 대처일까? 이런 내 생각을 말하자 남편이 답했다.

"아이의 불편함 때문이 아니라 나 자신의 불편함 때문에 상황 정리를 하려 했던 것이 아닌지 생각해봐야겠지. 당장 아이의 울음이 내 귀에 거슬려서 멈추게 하려는 건 아이를 위한 게 아니라 나 자신을 위한 거잖아? 그 대신 당장 거슬리는 아이의 울음소리를 견뎌내며 지금 울음이 터져 나올 수밖에 없는 진짜 이유가 무엇인지 관찰하고 생각해보라는 뜻이야.

울음을 멈추게 하는 것에 집중하면 아이의 울음이 멈추지 않을 때 짜증이 날 뿐일 거야. 하지만 울 수밖에 없는 아이의 마음을 느끼려고 노력하면 아이가 겪는 힘겨움이 엄마의 가슴으로 느껴지고, 아이가 진짜 원하는 것을 알아차려 더 빨리 아이를 진정시킬 수 있을 거야.

자기가 무엇을 원하는지도 모른 채 울던 아이는 엄마의 공감을 느끼면 마음에 위안을 느껴 울음을 멈추고 진짜 자신이 원하는 바가 무엇인지, 진짜 무엇이 불편했는지를 비로소 깨닫고 표현할 수 있게 돼. 하지만 엄마 자신이 당장 불편한 상황에서 벗어나기 위해 사탕으로 아이를 달랠 경우, 엄마의 공감을 받지 못한 채 사탕에 정신이 팔린 아이는 자신의 감정을 읽을 수 있는 기회를 빼앗겨. 반대로 매를 들어 억지로 울음을 멈추게 하는 경우도 마찬가지야. 그런 점에서 사탕과 매는 다를 게 없는 것이지. 사탕이나 매로 잠시 잊게 만든 화는 어디로 사라지지 않고 아이의 가슴에 그대로 남아서 학교에서 약한 아이들을 괴롭힌다든가 하는 방식으로 결국 표출될 거야.

'아이들이 우는 이유는 이것 때문이다'라는 공식이 적용되는 경우는 흔치 않아. A(목 아픔) 때문에 기분이 안 좋았는데 눈앞에 있는 B(빵)를 핑계로 울기 시작했다가 C(엄마의 다그침)로 인해 더 화가 나고 슬퍼져서 발을 동동 구르며 울 수 있는 것이 바로 아이야. 울고 있는 동안에도 우는 이유가 계속 바뀌기 때문에 아이도 자신이 정확히 무엇 때문에 울고 있다고 설명하기 힘들어. 그런데 엄마는 아이의 변화하는 마음을 따라가며 느끼려고 노력하지 않고 계속 '도대체 왜 그래?' 하며 아이가 자신이 우는 이유를 정확히 설명하기를 바라지.

우선 그 슬픔, 짜증 남, 힘겨움을 받아줘야 해. 받아주라는 것이 원하는 바를 다 들어주라는 말이 아니야. 그냥 집중해서 아이의 감정을 느껴봐. 그리고 기다려주고. 시간을 써야 해. 자신의 세계에서 '신'과 다름없는 엄마의 품 안에서 서럽고 속상한 마음이 안정을 찾을 수 있도록, 그리고 스스로 자신의 마음이 어떤 상태인지 진짜 원하는 것이 무엇인지 느낄 수 있도록. 그렇게 공감해주고 바라보아봐.

공감은 말로 표현하는 것이 아니라 시간을 쓰는 거야. 내가 상대방의 마음에 대해 이해한 것을 상대에게 보여주려고 애쓰는 것이 아니라, 내가 상대의 마음 깊은 곳을 들여다보고 이해하려고 노력하고 있음을, 그리고 어느 순간부터 그 마음을 함께 느끼고 있음을 상대방이 저절로 알게 될 때까지 나의 '시간'을 쓰는 것. 그것이 진짜 공감이야."

입이 아닌 가슴으로 공감하기

아이가 어릴 땐, "그랬구나, 네 마음이 이렇구나, 이렇게 속상했구나, 슬펐구나, 화가 났구나" 하며, 언어가 미숙한 아이가 자신의 감정을 언어로 표현할 수 있도록 보조자 역할만 하면 되는 줄 알았다. 하지만 시간이 지나면 지날수록 그것만으로는 해결되지 않는 상황을 너무 많이 만났다. 씻기고, 재우고, 먹이는 것은 책을 읽고 인터넷도 뒤지면서 노력을 하면 어찌어찌 되었는데, 아이의 마음을 들여다보고 달래는 일은 눈앞에 성과가 잘 보이지 않았다.

아무리 머리를 굴려도 도대체 '얘는 왜 이렇게 울고 있는 것인가!' 에 대한 의문에서 벗어날 수 없을 때가 자주 있었다. 분명 나는 아이의 마음을 다 알아준 것 같은데, 울음을 그치지 않고 짜증을 내는 아이.

돌아보면 나는 입으로만 공감했던 것 같다. 머리로만 공감했던 것 같다. '~구나'라고 말해주기만 하면 다 공감한 것이라고 생각했다. 머리로만 이해하려고 했지 가슴으로 받아주는 것에는 생각이 미치지 못했다. 공감과 이해를 흉내 내며 내 마음속은 나의 목적과 생각으로 가득 차 있었던 것 같다.

그런 엄마 앞에서 아이는 얼마나 외로웠을까? 그래서 가끔 "엄마 그때 나 너무 속상했어"라고, 나는 기억도 나지 않는 일을 이야기했던 것일까? 아이가 들어설 자리를 내줄 마음의 여유가 없는 엄마가 너무 밉고 답답해서 "엄마는 정말 엄마 맘대로만 해!"라고 했던 것일까?

지각을 걱정하며 출근하는 남편의 뒷모습을 보며, 내 마음속에 작은 의지가 생기는 것을 느꼈다. 조급한 마음을 거두고 아이의 마음을 정말 궁금해해보기. 무엇보다, 아이가 표현하는 감정을 가슴에 담아야겠다고 생각했다. 얼마나 짜증이 나는지, 속상한지, 슬픈지 함께 느껴봐야겠다. 집중해서, 눈을 맞추며 말이다.

엄마가 먼저
안정되어야 한다

아이에게 공감하기 위해 "～구나"를 앵무새처럼 반복하고 있지 않은
지 생각해보세요. 엄마는 자신의 몸과 마음이 안정된 만큼만 아이의
마음에 공감할 수 있습니다. 엄마가 30퍼센트 정도 안정되어 있는 상
태라면 아이에 대한 공감도 30퍼센트만 할 수 있을 것이고 아이의
울음과 떼 부림도 30퍼센트 정도만 가라앉을 것입니다.

100퍼센트 안정된 엄마는 거의 없습니다. 대신 노력하면 점점 성장
할 수 있는데, 이때 노력이란 습관과 가치관을 바로잡는 것을 말합니
다. 바른 습관이란 음식(건강한 음식), 자세(척추를 편 바른 자세), 이
완(긴장, 경직되지 않은 몸), 호흡(바른 호흡)에서 오고, 가치관을 바로
잡는 것은 분노와 우울, 슬픔 같은 부정적인 감정들에 대해서 담담하

고, 당당하고, 평화로운 마음을 갖는 것을 말합니다.

이를 위해서 엄마는 늘 자기 자신을 돌보는 노력을 게을리해서는 안 됩니다. 하지만 많은 부모들이 아이에게는 바른 습관과 가치관을 갖는 것을 강조하면서 정작 자신들은 그것을 행하지 못하고 있습니다. 아이 키우느라 바쁘다는 이유로 말이지요.

안정된 아이로 키우려면 엄마가 먼저 자기 자신을 안정시킬 수 있어야 합니다. 그 중요성을 진심으로 이해한다면 아무리 바쁜 와중에라도 자신의 몸을 돌보고 마음을 돌볼 수 있는 방법을 찾을 수 있을 것입니다.

미운 네 살
청개구리와 책임감

사례 1.

우유를 달라는 달님이에게 빨대를 꽂아서 우유 한 컵을 주었다.
그리고 이렇게 말했다.

"달님! 뽀그르르 하면 안 되는 거 알지? 넘치면 네가 닦아야 해.
우유도 더 안 줄 거야."

그 말을 들은 순간 달님이는 나를 빤히 처다보며 빨대에 바람을
가득 불어넣어 우유거품을 만든다. 딱 넘치지 않을 만큼 뽀그르
르….

사례 2.

달님이가 손에 볼펜을 들고 거실 벽을 가만히 바라보고 있다. 나는 다시 한 번 달님이에게 주의를 준다.

"달님아. 벽에는 낙서하는 게 아니야. 알지? 여긴 빌린 집이라 다시 돌려줄 때 벽을 깨끗하게 해놓아야 해. 그러려면 돈이 많이 들어. 엄마가 스케치북 여기 놓을 테니 여기다 그리렴."

달님이는 대답 없이 나를 빤히 쳐다본다. 그리고 다시 한 번 물끄러미 벽을 본다. 가스 불을 끄러 주방으로 가다가 다시 고개를 돌렸을 땐 이미 벽에 볼펜 번개가 치고 있었다.

아이의 자연스러운 욕구

달님이가 두 돌이 지난 지 얼마 지나지 않았을 때였다. 달님이는 연말에 태어나 한국 나이로 네 살이 되었던 참이었다. 이때는 내 딸이 이런 아이였나 하는 충격을 하루에도 몇 번씩 받으며, '미운 네 살'이라는 말을 실감하곤 했다. 영어에도 'crazy twos, terrible twos'라는 그 나이대의 아이들을 일컫는 말이 있다고 들었다. 벽에 낙서한 것을 보며 화나고 어이없는 감정을 추스르다가, 아이 손에 걸레를 쥐여주고 함께 벽을 닦고 있던 남편에게 하소연했다.

"여보. 요즘 달님이가 달님이 같지 않아. 벌써 사춘기인가 싶어서 이웃들이랑 얘기해보니 요즘은 우스갯말로 일춘기 이춘기 삼춘기가 있다네? 달님인 그중 하나인 상태가 아닐까? 내가 말만 하면 무조건 거꾸로 하는 완전 청개구리야. 나중에 커서도 계속 이럴까 봐 걱정돼."

남편이 어깨를 토닥인다. 내가 많이 지쳐 보이긴 하나 보다.

"하루 종일 당신이 고생이 많네. 근데 내 생각에 지금은 달님이가 그렇게 행동하는 게 자연스러운 시기인 것 같아. 당신 생각엔 왜 달님이가 뻔히 아는 것과 반대로 행동하는 청개구리 짓을 하는 거 같아?"

"글쎄? 자신감이 생겨서인가? 이제는 커서 같은 일을 해도 전처럼 칭찬을 못 받으니 반대로 반항을 해서 관심을 받으려는 걸까?"

"음. 당신 말대로 지금처럼 두 돌이 지나면 아이는 원하는 것을 할 수 있는 신체적 능력을 갖게 돼. 조금씩 자신감이 생기면서 항시 의존했던 양육자로부터 자연스럽게 독립을 꾀하지. 지금은 아이가 반항하는 모습이 얄밉고 화가 나겠지만, 그것은 마치 꽃이 지고 나면 열매가 맺히는 것만큼이나 당연한 일이고 반드시 필요한 일이야.

평소 화장실에 가서 혼자 손을 잘 씻고 오던 달님이가 사인펜 묻은 손을 닦고 오라고 하니 '싫어'라고 하고는 정수기에 가서 컵에 물을 받아 '여기다 손 씻을 거야' 하며 컵 속에 손을 찰박거리고 있을 때. 그런 모습을 보면 정말 얄밉고 화가 나지. 하지만 가만 생각해보면 '쟤가 과연 몇 살까지 저런 짓을 할까?'라는 생각이 들어. 아마 나중엔 억지로 하라고 시켜도 안 하지 않을까?

어쩌면 아주 어릴 적에 달님이는 물컵 속에 손을 넣어서 장난치고 싶은 욕구를 마음껏 충족시키지 못해서 지금 나이에 그 욕구를 충족시키느라고 저러고 있는 것일 수 있어.

우리는 달님이가 어릴 때 먹을 것을 가지고 장난치지 않는 것을 기특해했지. 하지만 아마 달님인 음식이나 물컵으로 장난치려고 시도했을 거야. 그건 당연한 거니까. 그런데 우리가 우리도 모르는 새에 그것을 못 하도록 만들었을 공산이 커. 그때 눈치 빠른 달님이는 바로 알아차리고 장난치고자 하는 욕구를 애써 참았을 것이고. 그런 식으로 우리도 모르는 새에 달님이의 자연스러운 욕구를 좌절시켰을지도 몰라."

"우리가? 우리도 모르는 사이에 말이야?"

자유롭게 행동하고 결과에 책임지는 아이

"아이를 가만히 바라봐. 아이가 그동안 전적으로 양육자에게 의존해야만 했던 '아기'의 삶에서 벗어나기 위해 스스로 자신의 의지를 세우기 시작하는 모습을. 난 그런 모습을 보면 대견하고 감동스러운 느낌도 들어.

이런 시선으로 우리가 잘 이해하고, 격려해주고, 또 놓아준다면 달님이는 어린이의 왕성한 호기심과 추진력, 모험심을 그대로 간직한 채로 크게 될 거야.

만약 저러다 반항아가 되지 않을까 지레 겁먹고 버릇 고치겠다고 혼내고 못 하게 하면 자존감도 낮아질뿐더러 부모로부터의 건강한 정신적 독립이 어려워지는 거지. 훈육이 무조건 나쁘다는 게 아니라 아직은 너무 이르다는 거야.

다만 아이가 크게 다칠 위험이 있다든가, 타인에게 피해를 주는 행동일 때는 분명하게 제재를 가하고 충분히 알아들을 때까지 시간을 들여 대화를 시도해야겠지. 하고 싶은 대로 하되 그 결과에 대해서는 자신이 책임지게 해야 하고."

"책임? 어떻게 책임지게 하란 얘기야? 애들 능력으로는 한계가 있는 일이 많잖아."

"책임지게 하는 것은 '네가 잘못한 것이니 후회해봐라!' 하며 아이를 힘들게 해서 다신 그러지 못 하게 하는 것이 아니야. 말 그대로 자유로운 선택을 존중해주고, 그 선택에 따라오는 결과를 본인이 당연하게 받아들이도록 하는 거지. 벽에 낙서를 했으면 능력 닿는 데까지 지우게 하고, 우유를 흘리면 행주를 가져와서 닦게 하고, 종이를 오리면 오리고 남은 쓰레기를 치우게 하는 방식으로 말이야.

물론 당신도 아까 봤듯이 아이가 제대로 하는 건 하나도 없을 거야. 솔직히 나도 아까 두 돌짜리가 걸레질을 하는 걸 옆에서 보고 있자니 답답해져서 '그냥 내가 하고 마는 게 속 편하지'라는 마음이 울컥 들었어. 하지만 인내심을 갖고 지켜봐준다면 아이는 자신이 저지른 일을 자신이 처리해야 한다는 사실을 자연스럽게 몸으로 익히게 될 거라 생각해(물론 아까처럼 뒷마무리는 살짝 부모가 해 줘야 하겠지?).

어떻게 보면 청개구리 짓을 하는 이 시기가 오히려 책임감을 가르쳐주기에 좋은 시기일 거야. 물론 부모 입장에서는 좀 귀찮고 노력과 시간이 필요할 수 있어. 하지만 진료실에서 청소년 아이들을 보다 보면 이런 생각이 들어. 책임감을 가지고 자유로운 선택을 하는 용기를 가진 아이로 크기 위해서 아이가 아직 어릴 때 부모가 감수해야 하는 노력과 성가심은, 그렇게 하지 않았을 경우

뒷날 감당해야만 할 무거운 결과에 비하면 정말 작은 것이라는 생각 말이야. 지금은 당장 화도 나고 성가시기도 하겠지만 당장 몇 년만 지나도 지금 이 시기에 우리가 해둔 노력이 큰 빛을 발하게 될 거라고."

조금씩 천천히 일상에서 배운다

처음에는 책임을 아이들에게 알려주는 일이 참 어렵게 느껴졌다. 쓰레기는 당연히 엄마가 치우는 것으로 아는 아이들에게 그렇지 않음을 설명해야 했다. 책임지기 싫다고 당당히 외치며 발을 동동 구르는 막내에게 "그럼 앞으로 우유를 마실 수 없단다. 엄마는 아빠가 힘들게 번 돈으로 산 우유가 바닥에 버려지는 게 아깝고 그것을 치우는 것이 힘들거든"이라며 조곤조곤 설명하는 것이 귀찮고 의미 없게 느껴지기도 했다.

그냥 내가 행주 들고 스윽 닦으면 5초도 안 걸리는 일을, 아이에게 행주가 있는 자리를 알려주고, 행주를 꺼내오게 하고, 자국 없이 깨끗이 닦을 수 있도록 쪼그리고 앉아 일일이 가르쳐주는 일은 분명 귀찮은 것이었다. 하지만 이제 아이들은 실수로 우유를 흘리면 조용히 행주를 가져와 닦아놓고, 밥을 다 먹은 뒤에는 흘린 밥풀을 집어 빈 밥공기에 넣고 싱크대에 옮겨놓는 일을 자연스럽게 하고 있다. 세 돌이 겨우 지난 막내도 이미 형 누나를 따라 하고 있다.

돌아보면 일상에서 아이들이 자유로운 선택과 책임에 대해 배울 수 있는 기회가 계속 있어왔다. 아마도 아이들이 아직 두 돌이 안 되었을 때부터였던 것 같다. 그리고 그 순간들에 들였던 사소하지만 성가셨던 노력들이 이미 결실을 맺어 돌아오고 있음을 아이들이 여덟 살, 다섯 살, 네 살이 된 지금 시점에서 다시 확인하게 된다.

그래도 아마 아이들이 자유와 책임의 연관성을 완전히 깨닫고 몸에 익힐 때까지는 한참 더 많은 시간이 필요할 것이다. 하지만 그만큼 많은 기회가 남아 있음에 감사한 마음을 갖는다.

아이의 자연스러운 발달을
방해하지 않기

부모라면 누구나 느끼겠지만 아이는 하루가 다르게 성장하고 변화하는 존재입니다. 제 목도 못 가누던 아기가 자고 일어나면 어느새 뒤집고, 기고, 걷고, 말을 하죠(부모가 가르친 적도 없는데 말입니다!).

기고, 걷고, 말을 하는 과정이 아이의 발달에 반드시 필요하듯이, 사고를 치고, 반항을 하고, 억지를 부리는 것도 아이가 어엿한 성인으로 성장하기 위하여 반드시 거쳐야 하는 과정입니다. 그 과정을 거치지 않은 아이는 결코 건강하게 자랄 수 없습니다.

그리고 이 모든 과정을 수행해나가는 방법을 이 세상 누구보다도 가장 잘 알고 최선의 노력을 기울이고 있는 사람은 바로 아이 자신입니다. 따라서 이러한 모든 과정은 어른이 가르칠 수도 없고 가르치려

해서도 안 됩니다.

어른이 할 수 있는 최선의 일은 단지, 어른의 욕심이 그들의 정상적인 발달과정을 방해하지 않도록 노력하는 것입니다. 그리고 그 과정 속에서 그 이상의 것을 얻을 수 있는 기회가 올 때마다 살짝살짝 그 것들을 얹어주는 것입니다. 마치 바람이 불 때 연을 띄우듯 말입니다. 그러려면 늘 아이를 주의 깊게 지켜보아야겠죠?

양육과정에서 소위 말하는 훈육은 필요합니다. 이 훈육의 강도나 방식은 당연히 아이의 빠른 발달 속도에 맞추어 변화시켜가야 합니다. 두 돌 아이에게 세 돌짜리 아이와 똑같은 훈육방식을 적용하는 것은 젖먹이에게 삼겹살을 주는 것만큼이나 적절하지 않습니다.

친구를 놀리는
아이

할머니 댁에 다녀오는 차 안. 햇님이와 별님이는 뒷좌석 양쪽에서 이미 꿈나라로 갔고, 가운데에 앉은 달님이가 혼자 조잘거리는 중이었다.

"엄마 아빠, 유치원 우리 반에 민구라는 애가 있는데 친구들이 개를 '만두'라고 불러요."

"그러니? 왜 그렇게 부르는데?"

"그냥요. 이름이 민구라서. 근데 너무 웃겨요. 김. 만. 두."

키득거리는 달님이의 목소리를 들으며 운전하고 있는 남편을 쳐다보니 무언가 생각에 잠겨 있는 듯한 표정이다. 몇 분 뒤 남편이 달님이에게 말했다.

"달님이도 그 친구를 만두라고 부르는 게 재미있나 보네?"

"네. 웃겨요. 아빠도 웃기죠? 히히히."

다섯 살. 이 나이의 아이들은 특이하게 가지를 뻗은 나무만 보아
도 웃음보가 터지고, 구름이 공룡같이 생겼다며 깔깔거린다. 엄마
가 에베베 하며 조금만 혀를 움직여도 배꼽을 쥐고 넘어가는 이들
에게 친구의 이름을 '만두'라고 바꾸어 부르는 것 역시 여간 재미
있는 일이 아닌가 보다.

그 친구의 입장이 되어보렴

무언가 생각하던 남편이 이내 입을 열었다.

"그런데 달님아. 그 말을 들으니 아빠가 궁금한 게 하나 있어."

"뭔데요?"

"민구를 만두라고 부를 때 달님이랑 다른 친구들은 재미있어했
는데, 민구는 기분이 어떤 거 같았어?"

"민구도 재미있어하는 거 같았어요!"

"민구도 다른 친구들하고 같이 웃었나 보네?"

"그건 모르겠는데…. 아무튼 재미있어하는 것 같았어요."

"그럼 민구 표정이 재미있어하는 표정이었겠구나?"

"아닌가? 사실은 잘 모르겠어요."

"그래? 그럼 가만 생각해봐. 민구 표정은 어떤 것 같았어?"

"음. 음. 좀 슬픈 거 같기도 하고."

"그래? 그럼 민구 기분이 슬펐나?"

"잘 모르겠어요."

"달님아. 다른 사람의 기분을 잘 모르겠을 때는 입장을 바꿔서 생각해보는 방법도 있어. 달님이는 만약 친구들이 달님이를 '다리미'라고 부르면 기분이 어떨까?"

"앗! 속상해요. 슬플 것 같아요."

"그럼 친구들이 '만두'라고 부르면 민구의 기분이 어떨까?"

"생각해보니 속상할 것 같아요."

"달님이가 민구 입장이 되어서 생각해보니 슬프고 속상했을 것 같나 보구나. 왜 그런 생각이 들었니?"

"나도 친구들이 이름으로 안 부르고 마음대로 부르면 속상할 것 같으니까요."

남편은 차분한 목소리로 달님이에게 더 이야기를 해주었다.

"달님아. 우리는 다른 사람의 마음을 알 수는 없지만 여러 가지 방법으로 추측해볼 수는 있어. 그중 하나는 표정을 잘 살펴보는 것이야. 표정을 보면 기쁜지, 슬픈지, 화나는지, 웃겨 하는지 등등 그 사람의 마음을 조금은 알 수도 있단다. 그리고 조금 전처럼 그 사람 입장이 되어서 생각해보는 방법도 있어."

운전하는 신랑과 생각에 잠긴 듯한 달님. 차 안에는 침묵이 흘렀다. 가만히 이야기를 듣던 나는 조심히 달님이에게 물어보았다.

"달님아. 친구들이 재미있고 웃기다고 하는 말들이 다른 사람을 슬프고 속상하게 하면 그건 진짜로 재미있고 웃긴 일일까?"

"아니요. 아닌 것 같아요."

달님이의 말을 듣고 남편이 말했다. "아빠 생각도 그래."

처음 달님이의 이야기를 듣고 내 목구멍까지 올라온 말은 사실 '그럼 못써, 그 친구가 얼마나 속상할지 생각해봤니? 그러면 너도 나중에 똑같이 다른 친구한테 놀림받을 수 있어. 네가 다른 친구들을 말리지 못할망정 같이 놀리면 어떡하니?' 같은 타박하는 말이었다. 그런데 한편으로는 악의 없이 저렇게 웃으면서 재미있다고 하는 아이의 모습을 보니, 아무것도 모르는 아이를 내가 혼내는 게 맞는 일일까 싶었다. 우물쭈물 어찌 이야기를 해야 할지 고민스러웠는데, 다행히 남편이 있어서 혼내거나 탓하지 않고 달님이와 이야기를 나누었던 것 같다. 덕분에 달님이는 상대의 마음을 생각해볼 수 있었고, 나는 또 한 번 남편에게서 아이와 대화하는 법을 배웠다. 하지만 내 딸이 이름을 가지고 친구를 놀렸다는 사실에 불편한 마음은 쉽게 사라지지 않았다.

며칠 후, 저녁 식사를 하던 달님이가 말했다.

"엄마 아빠, 우리 유치원 옆 반에 새로 온 친구가 있는데 친구가 저를 막 빨간 모자라고 불러요. 제 이름은 김달님인데 '야, 빨간 모자!' 막 이래요. 그래서 내가 막 화냈어요. 그리고 나한테 막 김달남! 김둘님! 이러면서 가짜 이름을 막 불러요! 되게 나쁘죠? 너무 너무 화가 났어요."

여기까지 말을 마친 달님이는 무언가 생각이 나는 듯 잠깐 멈칫했다. 그러고는 이렇게 말했다.

"어?? 이거 김만두 얘기랑 똑같은 거 같아요. 우와! 되게 화나는 일이구나요."

달님이는 낯선 친구가 자신이 입은 코트색깔로 자신을 놀린 것에 대해, 그리고 장난삼아 엉뚱한 이름을 부른 것에 많이 화가 났던 모양이었다. 하지만 달님이가 며칠 전 대화를 기억해내고 스스로 깨닫는 모습에, 나와 남편은 (놀림을 받아 기분이 상한 건 안된 일이지만) 좋은 기회가 되었다는 생각이 들었다.

사실 아이들은 아무리 설명해줘도 연령상의 문제로 잘 이해하지 못하는 부분들이 분명 있다. 어른 입장에서 생각하면 분명 남에게 피해를 주는 일인데 아이들에게 그 사실을 이해시키는 건 생각보다 간단치가 않다. 하지만 남편은 간단했다. 어른의 관점으로 아이를 혼내거나 그러면 안 되는 이유를 주구장창 설명하는 게 아

니라, 그럴 때 자신의 감정이 어땠는지 떠올려보고, 상대방이 어떤 감정이었을지 생각해보는 기회를 주는 것, 단지 그것뿐이었다.

직접 겪으며 세상을 배우는 아이

달님, 햇님, 별님 세 남매도 관계 속에서 투닥투닥 여러 일들을 겪는다. 그런 모습을 보고 있으면 어쩔 땐 아이들이 참 속상하겠다는 생각이 들어 내가 중간에서 일을 해결해주고 싶을 때가 있다. 하지만 정작 당사자인 아이들은 언제 그런 일이 있었냐는 듯 뒤돌아서면 금방 잊어버린다. 아이들 사이에서는 아무것도 아닌 일을 어른의 시각으로 보면서 괜히 불편한 마음을 가졌던 것이다. 이런 사실을 깨닫고 난 다음부터는 아이들의 일에 굳이 나서지 않으려고 노력한다.

남편에게는 조잘조잘 어려운 마음을 이야기하곤 하는데 그럴 때마다 남편은, "아이들이 또 하나의 세상을 만나는구나!" "그런 상대도 겪어봐야 하는 거야" "어쩌면 잘된 걸 거야. 달님이 주변에 그런 관계의 대상이 없잖아. 이 기회에 연습하는 거지"라며 벌렁거리는 나의 마음에서 바람을 쑥 빼준다. 그럴 때면 "어휴. 그렇게만 생각하면 세상 어려울 게 어디 있겠어" 하며 남편에게 볼멘소리를 하기도 하지만, 사실은 그 말 때문에 마음이 차분해진다.

가끔은 그런 생각이 든다. 아이를 건강하고 강하게 키우는 방법
은 전혀 복잡하고 어려운 일이 아닐 수도 있다는 생각. 아이가 자
신의 마음을 들여다보고 상대의 마음을 헤아릴 수 있게 부모는 물
꼬를 터주는 안내자 역할 정도만 하면 되는 것 아닐까? 아이가 스
스로 겪으면서 클 수 있게 말이다.

입으로만 말고
경험으로

수영하는 법을 말로 아무리 자세히 가르쳐도 정작 물에 빠지면 소용
이 없습니다. 수영을 익히는 방법은 물에 들어가는 것뿐입니다.

아이들끼리 겪는 갈등을 어른이 나서서 대신 해결해주거나 이렇게
해라 저렇게 해라 설익은 조언을 하는 것은 부모가 자기의 불안을 이
기지 못하기 때문인 경우가 많습니다. 하지만 이것은 아이가 물을 먹
게 될까 봐 수영장에 데리고 가지 않으면서 입으로만 수영하는 법을
가르치는 것과 같습니다.

아이가 물에 빠졌을 때 헤엄쳐 나올 수 있도록 하려면 부모가 먼저
자신의 불안을 바로 보고 다스릴 수 있어야 합니다.

공감은 말로 표현하는 것이 아니라 시간을 쓰는 것.
내가 상대의 마음 깊은 곳을
들여다보고 이해하려고 노력하고 있음을.
그리고 어느 순간부터 그 마음을 함께 느끼고 있음을
상대방이 저절로 알게 될 때까지
나의 시간을 쓰는 것.

2장

조금씩
마음이
자라난다

아이가 자기 마음을
알아가는 시간

　달님이가 세 돌이 되었을 즈음, 퇴근해서 들어온 남편이 초롱초
롱 빛나는 눈으로 말했다.

　"여보. 오늘 재미있는 거 한번 해볼게. 자 봐봐."

　남편은 싱크대에서 뭘 찾는 듯하더니 달님이의 뽀로로 수저를
담아두는 뽀로로 수저통을 가져왔다. 남편이 말했다.

　"여보. 달님이에게 이 수저통을 보여주면서 '이 안에 무엇이 들
어 있을 것 같니?'라고 물어보면 달님이가 뭐라고 할 것 같아?"

　"음. 아마 뽀로로 숟가락과 젓가락이 들어 있다고 하겠지?"

　"맞아. 그러겠지. 근데 한번 열어볼래?"

　잉? 수저통 안에는 수저가 아닌 칫솔이 들어 있었다. 남편은 다

시 나에게 물었다.

"여보. 이제 달님이에게 물어보면 이 안에 무엇이 들어 있다고 할 것 같아?"

"뭐가 다르겠어. 똑같이 뽀로로 숟가락이랑 젓가락이 들어 있다고 할 것 같은데? 안에 칫솔이 든 걸 모르니까."

"맞아. 당신은 그렇게 내면에 '띠오리 오브 마인드Theory of mind (마음 이론)'가 형성 되어 있는 거야."

"응? 띠오리 오브 마인드?"

마음 이론은 간단히 말해 상대방의 생각을 인지하고 공감하는 능력이다. 그런데 남편이 방금 한 실험이랑 그것이 무슨 상관인 걸까? 그것은 달님이를 통해 곧 알게 되었다.

"달님아, 이리 오렴!"

아빠의 부름을 듣고 달님이가 뭔가 신나는 게 있나 보다 하며 달려왔다. 남편은 달님이에게 뽀로로 수저통을 보여주며 물었다.

"달님아, 이 안에 뭐가 들어 있을 것 같아?"

달님이가 자신 있게 큰소리로 외쳤다.

"뽀로로 숟가락이랑 젓가락이요!"

"그래? 아빠가 열어서 보여줄게!"

수저통 안의 칫솔을 보고 달님이는 황당한 표정을 지었다.

"어? 칫솔이 들었네?"

아이의 반응을 본 남편은 다시 물었다.

"달님아. 그럼 네 친구 선우에게 이 뽀로로 수저통을 보여주면 선우는 이 안에 뭐가 들었을 거라고 생각할 것 같아?"

달님이는 너무나 자신만만하고 큰 목소리로 이렇게 답했다.

"칫솔이요!!!!!!!!!!!!!!!!!!!!!!!!!!!!!!!!!!"

아직 다른 사람의 입장을 몰라요

그랬다. 달님이는 아직 타인이 어떻게 생각하는지 알 수 있는 능력인 마음 이론이 형성되지 않은 것이었다. 자신이 생각하는 대로 남도 생각할 것이라고 여기는 것이다.

실험 전, 신랑은 '혹시나' 하는 기대를 가졌던 것 같다. 마음 이론은 보통 만 5세(60개월)를 전후로 형성되는데, 달님이는 아직 36개월밖에 되지 않았지만 평소 똑똑하고 감정적으로 엄마 마음을 잘 알아주는 편이라 혹시나 한 것이다. 하지만 역시 달님이는 제 나이의 아이였다.

남편이 말했다.

"여보. 아무래도 달님이는 아직 상대방의 생각을 짐작하고 이해하기에는 이른 나이인 것 같아. 자기가 수저통 속에 든 것이 수저 세트가 아닌 칫솔이라는 것을 알고 있으니 친구 선우도 당연히 칫솔이 들었다고 할 거라고 자신의 입장에서 생각한 거지.

난 아이를 가르치려고 이런 말들을 쉽게 했던 것 같아. '생각해 봐, 네가 그렇게 굴면 과연 친구가 좋아하겠니?' 그렇지만 정작 아이는 그 말을 이해할 수가 없었던 거야. 어찌 보면 어른인 나도 아이의 입장을 몰랐던 거지.

예를 들어볼게. 큰애가 자기의 장난감을 가져가려는 동생을 밀쳤어. 큰애의 힘에 나가떨어져 서럽게 우는 작은애의 모습을 본 엄마는 화가 나서 큰애를 혼내고 벌 세워. 큰애에게 '아기에게 그러면 어떡해!' 하고 말하고는 둘째를 달래러 방으로 들어가버리지. 이 상황에서, 엄마한테 혼나 울면서 벌서고 있는 큰애는 어떤 생각을 할까? '정말 내가 잘못했구나' 하고 깨닫고 스스로 뉘우칠까?

수저통 실험을 통해 알게 된 것처럼 아이는 상대방의 마음을 짐작할 수 있는 능력이 부족해. 그렇기 때문에 앞으로는 동생의 입장을 이해할 수 있게 차근차근 설명해줘야 할 것 같아. 그렇게 하지 않고 엄마가 감정대로 행동해버리면, 아이는 그 순간 많은 기회를 잃어.

자기 마음을 알 기회.

자기 마음을 설명할 기회.

동생이 왜 그랬을까 생각해볼 기회.

맞은 동생의 기분이 어땠을지 생각해볼 기회.

자신이 동생을 때리는 모습을 볼 때 엄마 마음이 어떨지 짐작해볼 기회.

상대의 입장과 생각을 짐작할 수 없으니까 아이는 답답하고 억울해. 엄마가 화난 것 같은데 내가 뭘 잘못했는지는 모르겠거든. 난 막무가내 동생으로부터 내 소중한 장난감을 지킨 것뿐인데 왜 엄마는 나만 혼내지? 동생이 나쁜데, 동생을 혼내줘야 하는데 왜 나만 혼내지?

다시 한 번 말하지만 만 5세 이전 아이들은 남의 입장과 생각을 짐작하지 못해. 화가 난 엄마의 모습은 당장 눈앞에 보이니까 알겠는데 자신이 어떤 행동을 했을 때 엄마가 화난 것인지를 예측할 능력은 없으니까 눈치만 보면서 엉엉 울 수밖에 없어. 얼마나 답답하고 억울하겠어. 이렇게 가슴에 남은 억울함과 화는 절대 그냥 사라지지 않아. 다 잊고 웃으며 노는 것 같지만 예상치 못한 순간에 튀어나오지. 납득할 수 없는 생떼를 부린다든가, 자신을 억울하게 만든 동생을 괴롭히고 못살게 구는 방식으로 말이지.

엄마가 아이의 기회를 잃게 만들 수 있다는 것은, 반대로 엄마가 기회를 줄 수도 있다는 뜻이야. 그러니 이제 36개월 된 달님이가 6개월 된 햇님이를 대하는 태도가 너무한다 싶어 화도 나고 욱 하는 마음이 들어도, 그럴 수밖에 없는 달님이의 마음을 좀 더 공감해주고 왜 그렇게 하면 안 되는지에 대해서 더 차근차근 설명해줘야겠다는 생각이 들어. 물론 그러기 전에 누나에게 당한 햇님이를 많이 보듬어줘야 하겠지. 그렇게만 해도 동생을 때리는 것이 자신에게 이득이 될 게 없다는 걸 아이는 알게 될 거야."

혼자만의 착각, 잘못된 기대

달님이가 두 돌쯤이었을까? 드라마에서 슬픈 장면을 보며 꺼이꺼이 울고 있었는데, 아이가 불안한 얼굴로 다가와서는 "엄마 왜 울어" 하며 내 목을 끌어안고 대성통곡을 했었다. 그때 난 내 감정을 온몸으로 알아주는 아이가 참 대견했고 아이에게 위안을 얻기도 했다. 이런 모습들을 통해 나는 아이가 나와 공감할 줄 알고 나를 이해할 줄 안다고 믿어왔다. 그리고 그렇게 내 멋대로 가진 믿음에 아이가 어긋난 모습을 보일 때면 혼내고 실망감을 내비쳤다.

다 알 거라고 믿었던 큰딸이 영락없는 만 3세 어린아이라는 것을 객관적으로 보고 나니, 마음속에서 무언가 끈을 놓게 되었다. 분명히 알아들을 만큼 이야기했는데 왜 모를까 하며 짜증냈던 시간들을 돌아보며, 그것이 얼마나 큰 나만의 착각이었는지 깨달았다.

마음을 아는 것은
어려운 일

상대방의 마음이 어떠할지 짐작하는 것은 어른인 우리에게도 굉장히 어려운 일입니다. 가만히 한번 생각해보세요. 우리는 과연 아이나 배우자의 마음을 얼마나 잘 짐작할 수 있나요?

만약 우리가 정말 그들의 마음을 잘 짐작할 수 있다면 예상 못 한 상대방의 반응에 실망하거나 서로 다투게 되는 일은 생기지도 않겠지요. 이렇듯 어른인 우리에게도 상대방의 마음을 알아차리는 것은 쉽지 않은 일인데, 어린아이에게는 미적분 문제를 푸는 것보다도 어려운 일일 것입니다.

아이가 엄마나 다른 사람들의 마음을 잘 알아차리고 이에 맞춰 행동한다면 분명히 기쁠 겁니다. 하지만 아이에게 이를 기대하고 강요해서는 안 됩니다. 대신 엄마인 내가 아이의 마음을 잘 들여다보고 이에 맞춰 행동한다면 아이는 어느새 그 모습을 배워서 따라 하고 있을 것입니다.

무작정 떼를
부린다면

아이들을 키우다 보면 불쑥 불쑥 머릿속에 떠오르는 이미지가 하나 있다. 바로 빨간 버튼이다. 버튼의 기능은 다음과 같다.

하나, 스스로 숟가락을 챙겨 들고 앉아, 반찬은 골고루, 밥도 싹 싹 긁어 먹고, 다 먹은 깨끗한 그릇을 "잘 먹었습니다!" 하며 싱크대에 가져다 놓는 기능.

둘, 어질러놓은 장난감을 엄마가 설거지하는 동안 휘리리릭 치우는 기능.

셋, 잘 시간이 되면 딱 딱 딱 나란히 제자리에 누워 고요히 잠드는 기능.

욕심을 좀 더 보태면, 엄마 아빠 안 깨우고 자기들끼리 알아서 노는 버튼과, 음량 조절 버튼도 있었으면 좋겠다. 또 '뭐든 스스로 알아서 하기 버튼'은 모든 엄마가 바라는 것이 아닐까?

물론 살다 보면 가끔 '운수 좋은 날'이 있어서, 있지도 않은 버튼이 막 작동하는 경우도 있다. '멋진 그림 그려오기', '동요와 율동 선보이기', '기습 애교와 뽀뽀', '자기만의 어록 생성' 버튼 등등.

"엄마, 할머니도 아기 낳아봤대?"

"그럼! 아빠도 낳았고 작은 아빠, 막내 삼촌도 낳았지!"

"에이. 그럼 할머니는 아기는 안 낳고 어른만 낳았네!"

지쳐 쓰러져 있다가도 이처럼 예상치 못하게 깜찍한 기능의 버튼이 눌리면 숨을 크게 들이마시고 다시 일어설 힘을 얻는다. 이런 것이 바로 육아의 시간인 것 같다.

어쨌든 빨간 버튼 생각이 가장 간절한 때는 뭐니 뭐니 해도 아이들이 징징댈 때가 아닌가 싶다. 누르기만 하면 모든 상황이 종료되는 버튼. 우리 집 아이들은 그나마 울음과 떼 부림이 소용없음을 알아서 원하는 것이 있으면 또박또박 말로 설명하는 편이다. 하지만 그래도 애들은 역시 애들인지라 피곤하고 컨디션이 안 좋으면 결국은 '징징 경보'가 울리기 시작한다.

원하는 것을 얻으려면 치러야 할 것도 있다

그날도 그런 날이었다. 저녁식사 후 밥을 반절이나 남긴 상태에서 그만 먹겠다고 식탁을 내려간 네 살 햇님이가 다시 올라와 앉더니 설거지하는 내 뒤에서 아이스크림을 내놓으라고 시위를 하기 시작했다.

"엄마, 아이스크림 먹고 싶어!"

"음. 너무 더워서 시원한 것이 먹고 싶네요."

"아이스크림 주세요!"

"목구멍이 뜨끈뜨끈 해서 아이스크림 같은 것이 필요해요."

정중한 자세로 식탁에 앉아(우리 집은 식탁에 앉아야만 먹을 것을 준다) 줄기차게 자신의 의지를 표명하던 햇님이의 1인 시위가 결국에는 '징징'으로 변해간다.

"아이스크림 아이스크림 아이스크림!"

긁힌 CD처럼 되풀이되는 소리를 듣자니 밥을 반이나 남기고 아이스크림을 외치는 녀석의 괘씸함에 나의 표정이 굳는다.

"안 돼. 너 밥도 다 안 먹었잖아. 배고프면 밥을 더 먹어."

"밥은 배불러요. 아이스크림 먹고 싶어요!"

"아이스크림 들어갈 배는 있고 밥 들어갈 배는 없는 게 어디 있어. 밥을 덜 먹어서 배고파 아이스크림 생각이 나는 거야."

"아니야요, 아니야요. 아이스크림 잉잉잉잉잉잉잉~~~~~~."

먹통 같은 저 녀석을 어떡해야 할지 난감했다. 저 징징대는 소리가 듣기 싫어 그냥 슬쩍 아이스크림을 주기에는 보는 눈도 많고 (냉동실 문이 열리는 순간 첫째 달님이 셋째 별님이가 쏜살같이 달려오겠지), 밥을 제대로 안 먹으면 군것질도 즐길 수 없는 우리 집 규칙에도 위배되고, 또 징징대기만 하면 원하는 것을 얻을 수 있다는 잘못된 생각을 심어주는 것도 같고. 진퇴양난 고립무원 진짜 이럴 땐 어찌해야 할지. 세 아이를 키우며 단련된 육아두뇌는 이미 안드로메다로 날아가버리고 어찌해야 할지 모르겠는 막막한 기분만 들었다.

이때 신랑이 살며시 다가와 속삭인다.

"여보. 이럴 땐 이런 방법을 써봐. 햇님이에게 쉬운 미션을 하나 줘. 엄마에게 도움이 되면서 햇님이가 할 수 있는 일을 말이야. 그것을 수행해내면 기쁜 마음으로 원하던 것을 상으로 주고, 하지 못하면 안타까운 마음을 표현해줘."

"미션? 상은 알겠는데 안타까움은 또 뭐야?"

"우선 아이와 같은 편이 되어야 해. 아이가 '엄마는 역시 내 편이구나!' 하고 느끼게. 들어봐. '엄마는 햇님이가 그 일을 해내서 아이스크림을 먹게 되기를 바랐는데 그렇게 되지 않아서 아쉽네.'

이런 식으로 진짜 아쉬워하는 모습을 보여줘. 아이가 아쉬워하는 마음을 공감해서 말이야. 이렇게 하면 징징댐도 그칠 수 있고 미션을 수행해 원하는 것을 얻음으로써 성취감을 경험할 기회도 가질 수 있어. 게다가 엄마는 내가 원하는 것을 못 하게 하는 '미운 사람'이 아니라 나를 도와주고 격려해주는 '좋은 사람'이 될 수 있지 않겠어?

그리고 무엇보다도 '원하는 것을 얻기 위해선 노력을 해야 한다'라는 당연한 세상의 이치를 익힐 기회도 가질 수 있어. 잘 봐봐!"

징징대며 식탁을 발로 차고 있던 햇님이에게 남편이 미션을 던졌다.

"햇님아! 저기 책 읽는 곳에서 햇님이가 보고 온 책을 제자리에 꽂아서 정리해볼래? 정리하고 오면 아이스크림 줄게."

"책이요? 너무 많은데요?"

"그럼 햇님이가 보고 온 바바파파만 정리하고 와봐. 누나가 본 거는 누나가 정리할 거야."

주어진 미션이 할 만하다고 느꼈는지 말이 끝나기가 무섭게 햇님이는 울음을 그치고 정리할 책이 있는 곳으로 달려갔다. 그리고 잠깐 책을 정리하는가 싶더니, 역시나 그대로 주저앉아 손에 잡힌 책에 시선을 빼앗긴 채 아이스크림은 잊고 책 읽기에 열중한다.

그러고는 십여 분 뒤, 다시 나에게 와서 묻는다.

"엄마, 아이스크림은요?"

"책 정리 다 했니?"

"아 맞다!"

이렇게 달려가고, 또 잊고. 몇 번의 반복 끝에 결국은 혼자 정리를 해내더니 아이스크림 두 숟갈 떠준 것을 호로록 먹는다. 그리고 아주 만족한 얼굴로 양치하러 달려간다. 휴. 고요함이 평온을 안겨준다.

과제보다 마음을 먼저 보세요

생각지도 못한 손쉬운 해결에 나는 놀랍기도 하고 신기하기도 해서 남편에게 물었다.

"여보. 당신 말이 잘 먹히는데? 어떻게 생각해냈어?"

"책에 보면, 정신과 의사가 환자를 치료하는 방식은 엄마가 아이를 양육하여 성인으로 키워내는 방식과 기본적으로 같다고 되어 있어. 정신과 병동에서 회진을 돌다 보면 환자들에게 이런저런 요구사항을 듣게 돼. 외출시켜 달라, 휴대폰을 소지하게 해달라 등등. 그중에서도 가장 자주 듣는 것이자 가장 곤란스러운 요구사

항이 바로 무작정 퇴원시켜달라는 요구야. 분명히 문제가 있어서 보호자가 데려와 입원시킨 것을 아무리 의사라도 제멋대로 퇴원시킬 수는 없는 거잖아. 그리고 만약 내가 환자의 요구를 이기지 못하고 퇴원 결정을 내린다 하더라도 문제가 해결되지 않을 게 뻔하고 말이야.

그럴 때, 난 주치의로서 환자에게 필요한 것을 과제로 내줘.

'식사를 하지 않는 문제로 입원한 것이니 식사만 잘 하시게 되면 외출이 아니라 퇴원도 문제없어요. 그런데 요즘도 식사를 안 하셔서 피검사 수치를 보니 빈혈이 심해요. 앞으로 일주일간 식사를 빠지지 않고 잘 하시면 제가 보호자를 설득해서 외출 허락을 받아 볼게요.'

'혼자 쓸 수 있는 병실로 옮기고 싶으시다고요? OO씨는 대인관계를 맺는 것이 너무 두렵고 불편해서 그 방법을 배우고 익히려고 입원하셨죠? 그런데 여기에서도 사람들과 어울리지 않으려고 집단치료에 매번 결석하고 혼자 쓸 수 있는 병실로 옮겨달라고 부탁하시는 것 같아요. 앞으로 일주일간 꾸준히 집단치료에 들어오시면 원하는 병실로 옮겨드릴게요.'

'학생은 나랑 면담할 때마다 무조건 퇴원시켜달라고 졸라대기만 하니 면담 자체가 진행이 안 되네요. 그런데 이렇게 되면 치료가 늦어지고, 치료가 늦어지면 퇴원도 늦어질 수밖에 없을 것 같아

안타까운 마음이 들어요. 그러니 앞으로 면담시간에 퇴원 얘기를 하지 않고 참는 횟수를 체크해서 열 번이 넘으면 외박을 시켜줄게요.'

이런 식으로 말이지. 물론 환자가 원하는 대로 다 들어줄 수 있으면 얼마나 좋겠어. 하지만 그렇게 되면 치료가 진행이 안 되고 병실의 질서도 무너져. 너도나도 자신이 원하는 대로 해달라고 난리일 테고.

엄마로서 아이를 대할 때에도 마찬가지야. 아이가 아이스크림을 달라고 할 때마다 줄 자신이 있으면, 장난감 사달라고 울 때마다 사줄 수 있으면, 늘 아이가 원하는 것을 들어주고도 후회하지 않을 자신이 있으면 그렇게 하면 돼. 그건 엄마의 '능력' 여부에 달린 것이니까. 하지만 현실은 그렇지 않잖아. 밥 먹기 전에 군것질을 해서 밥을 잘 먹지 않으면 걱정되고 속상하잖아. 장난감을 사달라는 대로 사주다 보면 둘 곳도 없고 돈도 낭비이고. 여러 가지 사정들이 있는데도 아이가 징징댄다는 이유만으로 그것을 들어주면, 엄마는 떼 부림의 노예가 돼. 육아는 산으로 가고 말이지. 그래서 피곤하겠지만 머리를 써야 하는 거야."

"머리를 쓰라고? 휴. 나도 정신을 차리고 싶은데 애가 앞에서 울면 머릿속이 하얘져, 여보."

"그래 맞아. 보통 아이가 울고 떼를 쓰면 정신이 없어져서 감정적으로 아이를 대하게 될 거야. 정신과 의사들의 경우에도 미숙할수록 환자가 떼를 쓸 때 감정적으로 대하는 모습을 보이더라고. 사람이라면 누구나 다 그럴 수 있는 거니까 너무 자책할 필요는 없어.

머리를 쓰라는 것은 어려운 게 아니야. 먼저, 아이가 떼를 부리면 당장 요구를 들어줘야 할지 말아야 할지에만 정신을 빼앗기기 쉽지?그런데 그건 '과제' 중심적 사고라고 볼 수 있어. 이런 사고를 가지면 '사람'이 가장 우선이라는 당연한 상식을 뒤로하고 당장 내 발등에 떨어진 '과제'를 해결하는 데에만 마음을 쏟게 돼. 다른 말로 하면 '내 입장'만 생각하느라 '다른 사람이 처한 상황'은 보지 않는 거라고도 할 수 있어. 난 이러한 사고방식이 우리 사회에 알게 모르게 만연해 있고 이것이야말로 세월호 사건을 비롯한 크고 작은 부조리한 사건들의 가장 큰 원인이라고 생각해.

아무튼 이런 식의 태도를 양육자가 갖고 있으면 육아는 계속 힘들 수밖에 없어. 눈앞에 보이는 과제가 아니라 보이지 않는 '사람의 마음'을 중심으로 생각을 해봐. 나에게 불편한 상황을 빨리 종결시켜서 위기를 모면하려는 '내 욕심'을 잠시 내려놓고 내 아이의 마음을 먼저 돌보라는 뜻이야. 아이가 징징거리면, 우선 아이의 말에 귀 기울이고 아이의 행동을 잘 바라보면서 아이가 진짜 원하

는 것이 무엇인지 파악해봐. 힘이 들고 시간이 들어도 아이와 대화를 계속 시도하면서 아이의 이야기를 들어보면 아이가 정말 원하는 것이 무엇인지 파악할 수 있을 거야.

그래서 아이가 원하는 것이 들어줄 만한 것이라고 판단되었으면, 징징거림을 멈추려는 '내 욕심'을 앞세워서 그것을 곧바로 들어주기보다는 잠깐 멈춰서 기다려봐. 울고 징징대는 상태에서 나 편하자고 바로 아이의 요구를 들어줘버리면, 아이가 차분하게 자신의 요구사항을 말할 수 있는 기회를 뺏는 셈이 될 수 있어. 그리고 울고 징징대야만 원하는 것을 이룰 수 있다는 잘못된 생각을 심어주게 될 수도 있지.

그렇게 멈추어서 아이가 징징거림을 그만두고 자신이 원하는 것을 가능한 한 정확하게 표현할 수 있도록 기다려줘. 냉정하고 엄한 태도가 아니라 따뜻하고 수용적인 태도로 말이야. 그럼 아이는 그런 엄마의 모습에 용기를 얻어서 서서히 울음을 멈추고 자신이 원하는 바를 말로 표현하게 될 거야. 엄마는 아이가 차분하게 말로 자신의 의사를 표현한 것을 칭찬해주고 원하는 것을 들어주면 돼.

상은 언제 주는 게 좋을까?

"와. 어렵다. 이해는 되는데 막상 닥쳤을 때 그렇게 할 수 있을지 모르겠어."

"이렇게 하려면 상황에 휩쓸려 생각 없이 곧바로 대처하는 버릇부터 고쳐야 해. 원래 사람이란 본능적으로 자기 위주의 선택을 하게 되는 경향이 있으니까 행동에 앞서 이를 점검해볼 필요가 있어. 몸으로 행동하기 전에 마음을 가다듬고, 그다음에 뇌를 작동시켜 방법을 궁리하고, 방법이 떠오르면 그다음에 비로소 행동으로 옮기는 것을 반복 연습해서 몸에 익숙하게 만드는 거지. 처음엔 시간이 걸리겠지만 점점 속도가 빨라질 거야. 좀 전에 예를 든 것처럼 미션을 주고 성공하면 상을 준다든지, '울음을 멈추고 매달리지 말고 조용히 뭐뭐 해주세요라고 하면 들어줄게' 하고 말해본다든지. 만약 이제까지는 떼만 부리면 말을 잘 들어주던 엄마였다면 갑자기 달라진 태도 때문에 아이가 반항을 할 수도 있겠지.

그럴 때는 인내심을 가지고, 아이가 쉽게 할 수 있는 것부터 시작하면 돼. 눈앞에 있는 휴지를 쓰레기통에 버리고 온다든지, 벗어놓은 옷을 옷장 앞에 가져다 놓는다든지, 하다못해 손을 한번 씻고 오는 것도 괜찮아. '원하는 것을 얻기 위해선 어느 정도의 노력이 필요하다'는 것을 어릴 때부터 체득하는 기회가 되니까. 하지만 기준은 명확히 해야 해. 자기 자신을 위해서 스스로 해야만 하는 일이 혜택을 받을 수 있는 조건이 되지 않도록 조심해야 한다는 뜻이야. 예를 들어, 아이가 '엄마. 내가 저녁 잘 먹어줬으니까 사탕 주세요' 같은 말을 하는 부작용이 생길 수 있거든."

"응? 밥 다 잘 먹고 나면 사탕 줘도 되지 않아?"

"음…. 그건 또 다른 경우야. 밥 먹기 전에 배가 고파서 당장 사탕을 달라는 아이에게 부모가 '식사 전이니 간식은 안 된단다'라고 해서 아이가 사탕에 대한 욕구를 참고 식사를 잘 마쳤다면, 인내에 대한 보상으로 원했던 간식을 줘도 돼. 하지만 지금 내가 얘기하는 것은 아이가 자신의 성장발달을 위해 당연히 해야 할 일을 조건으로 내걸며 무언가를 요구하도록 만들어서는 안 된다는 말이야.

밥을 잘 먹는 것은 건강하고 튼튼한 몸을 갖기 위한 일, 즉 '자기 자신을 위한 일'이야. 책을 읽는 것 또한 살아가는 데 도움이 되는 지식을 쌓기 위한 '자기 자신을 위한 일'이지. 공부나 숙제도 마찬가지야. 나 자신을 위해서 하는 일을 엄마를 위해서 하는 일인 양 착각하게 만들어서는 안 돼. 엄마를 만족시키는 기쁨이나 상을 받는 재미로 공부해 버릇한 아이는 공부를 함으로써 지적 호기심을 채워나가는 순수한 배움의 기쁨을 경험하지 못하게 될 수도 있어. 그래서 장기적으로 보면 공부의 즐거움을 누릴 줄 모르는 아이,

공부를 싫어하는 아이, 상이 주어져야만 억지로 공부하는 아이가 되겠지.

그렇기 때문에 상을 받을 수 있는 미션들은 되도록 자신보다는 다른 사람에게 도움이 되는 일이어야 해. 예를 들면 엄마를 도와주는 일에 해당하는 빨래 걷기나 빨래 개기, 개어놓은 자기 빨래를 옷장 서랍에 넣고 오기, 동생과 놀아주거나 동화책 읽어주기, 엄마가 바쁠 때 단순한 일 거들어주기 등이 있어. 당신이 정말로 조금이나마 도움을 받는다고 느끼는 일들을 생각해보면 알 수 있을 거야. 물론 단순한 문제는 아니야. 엄마가 머리를 써야 하지. 하지만 그렇게 노력하는 만큼 아이와의 생활이 더 편안해질 거야."

사실 아이들이 떼를 부릴 땐, 울음이 듣기 괴롭고 주변도 신경 쓰이고, 아이와 대치해야 하는 상황도 피하고 싶다 보니 원하는 것을 빨리 들어줘버리고 싶은 마음이 먼저 든다. 하지만 이러한 훈련을 통해 아이가 소통과 설득, 이해와 배려를 배우게 된다고 생각하면 결국은 힘들어도 꾸역꾸역 하게 된다. 또 아이의 말을 무시해버리지 않고 마음을 들여다보려고 노력하다 보면, 어느새 아이도 이를 거울 삼아 엄마의 말을 흘려듣지 않고 기특하게도 엄마 마음을 들여다보려는 시도를 하고 있음을 느낀다.

아이의 떼 부림은 아무리 노력을 기울여도 언제나 새롭고 어렵

게 다가온다. 언제나 어렵게 느껴지는 이 문제 앞에서 눈앞의 상
황보다 아이의 마음을 먼저 들여다보려는 노력을 하는 동안 아이
는 물론 내 인격도 한층 더 다듬어지고 있음을 느낀다.

내가 잘되어야
아이가 행복하다

조건을 내걸거나 상을 줄 때는 그 목적이 분명하고 순수해야 합니다.

아이를 위한 것이 아니라 부모의 욕심을 채우기 위한 목적이 섞여 있

으면 그 자체가 아이를 자기 방식대로 길들이기 위한 '폭력'으로 작용

할 위험이 있기 때문입니다. 그래서 조건을 걸기 전에는 이것이 진짜

아이의 성장을 위한 것인지, 아니면 나의 욕심을 채우기 위한 것인지

먼저 돌아보아야 합니다.

아무리 생각해봐도 잘 모르겠고 헷갈릴 때는 섣불리 조건을 걸어서

는 안 됩니다. 부모는 흔히 '아이가 잘되어야 내가 행복하다'는 생각

을 합니다. 그리고 이런 생각을 바탕으로 '아이가 잘되게' 하려고 자

신의 뜻을 따를 것을 강요합니다. 이는 나이가 찬 딸들에게 부모들이

시간 날 때마다 '넌 대체 시집 언제 갈 거냐' 하고 잔소리하며 부담을 주는 것과 같습니다. '내 아이가 잘되어야 내가 행복하다'는 생각을 가진 부모는 아이를 몰아붙이면서 그것이 다 아이의 행복을 위한 것이라고 말하지만 사실 따지고 보면 이는 아이를 이용하여 자신의 욕심을 채우려는 마음에서 비롯된 것인 경우가 대부분입니다.

'아이가 잘되어야 내가 행복하다'는 마음을 버리세요.

'내가 잘되어야' 아이가 행복해집니다.

아이 스스로
선택할 수 있게

지금 사는 곳으로 이사를 온 지는 3년 정도 되었다. 연고도 없고 아는 이도 없는 곳으로 이사를 왔지만, 마음이 맞는 이웃을 사귀어 어른들은 물론 아이들도 무척 잘 지내고 있다. 자연스럽게 서로의 집을 오가면서 아이들은 아이들끼리 놀고 어른들은 또 어른들끼리 가끔 맥주도 한잔한다. 그리고 누구네 집에 사정이 생기면 늦게까지 아이들을 돌봐주기도 한다.

그날은 내가 세 아이를 이웃에 잠시 맡겨야 했다. 남편과 미리 일정을 맞춰놓았지만, 갑자기 일이 생겨 나의 외출 시간과 남편의 귀가 시간 사이에 한 시간 정도 공백이 생겼기 때문이었다. 그래서 어쩔 수 없이 여섯 살 지연이네에 아이들을 맡겨야 했는데, 지연이네는 고맙게도 흔쾌히 아이들을 맡아주었다.

간만에 신은 하이힐에 뒤뚱거리며 세 아이를 그 집에 데려다 놓자, 아이들은 환호성을 지르며 집으로 뛰어들어가고, 반가운 친구들을 맞이한 지연이도 신이 났다. 내가 집을 떠나는 순간에는 이렇게 웃음만이 가득했다. 그런데 다음 날 지연이네에 어제 고마웠다는 인사를 하려고 전화를 걸었을 때 흥미로운 이야기를 듣게 되었다. 지연이 엄마 말로는 내가 떠나고 딱 한 시간 뒤에 남편이 퇴근을 하여 아이들을 데리러 왔는데, 아이들이 서로 헤어지기 싫다고 울고불고했던 모양이다. 재미있는 건 그다음이었다.

"달님이네 아이들이 집에 간다고 하니까 지연이가 자기도 그 집으로 놀러가겠다고 막무가내로 우겼거든. 그런데 달님이 아빠가 지연이를 붙잡고 얘기를 나누더니 지연이가 깔끔하게 포기했어. 하고 싶은 일이 있으면 잘 포기하지 않는 아이인데 무슨 이야기를 나누었는지 정말 뒤끝 없이 설득이 되었더라고."

"그랬어? 무슨 조건을 내걸어 설득한 것은 아니었어?"

"아니. 그런 방법은 우리도 써봤지. 근데 안 통하더라고. 사실 저녁 아홉 시가 다 되었는데 그 시간이 친구네 집 놀러 갈 시간은 아니잖아. 그런데 아무리 얘기해도 울고불고 난리이니까 난 어떻게 해야 할지 너무 난감했어. 지금은 시간이 너무 늦어서 가더라도

5분 있다가 돌아와야 한다니까 5분이라도 놀다 오겠다고 성화를 부리니 말릴 방법이 없더라고."

　흔하디흔한 풍경이 눈앞에 생생히 그려졌다. 친구와 놀 때 아이들은 아무리 오랫동안 놀아도 계속해서 더 놀고 싶어 한다. 그런 아이들에게 딱 한 시간 놀고 헤어지라고 했으니 쉽게 받아들이기 어려웠을 것 같긴 하다. 이런 아이를 남편은 어떻게 설득했을까? 지연이와 눈을 맞추려 자세를 낮추고 앉았을 남편의 모습이 떠오르면서 과연 그가 어떻게 이야기를 풀어나갔는지 궁금해졌다. 저녁에 퇴근해 들어온 남편에게 물었다.
　"여보. 어제 지연이가 우리 집 오겠다고 그랬다며?"
　"응. 그랬지."
　"지연이 엄마 말로는 당신이 지연이를 붙들고 이야기를 하고 나니 지연이가 마음을 바꿨다면서, 어떻게 그랬는지 신기해하던데?"
　"아. 그냥 지연이가 선택하게 해줬어."
　"선택? 무슨 선택?"

어른의 사정을 솔직하게 말하기

여섯 살 아이에게 무슨 선택을 하게 해주었다는 건지 빨리 이야기를 듣고 싶었다. 남편은 차근차근 이야기를 이어나갔다.

"내가 그 집에 들어섰을 때 아이들에게 나는 완전히 불청객이었어. 신나게 놀고 있는데 갑자기 집에 가자고 하니까. 다행히 햇님이 별님이는 졸린지 순순히 가겠다고 했는데 달님이와 지연이는 안 된다고 성화였어. 우선은 10분을 주었어. '10분만 더 놀고 가는 거다' 하니까 달님이와 지연이가 부리나케 방으로 들어가더군. 그렇게 약속한 10분이 지나 달님이가 집에 가려 하자 지연이가 많이 아쉬웠는지 엄마 아빠가 말리는 것도 뿌리치고 신발까지 신고 따라 나왔어. 난 우선 내 사정을 지연이에게 이야기해봤어.

'지연아. 아저씨는 지금 많이 피곤하고 힘들어. 배도 고프단다. 얼른 달님 햇님 별님이를 집에 데려가야지 아저씨가 밥도 먹을 수 있고 쉴 수도 있어.'

그래도 지연이는 뜻을 굽히지 않았어.

'그럼 아저씨는 밥 먹으세요. 우린 우리끼리 놀게요!'

그래, 아이의 입장에서 생각하면 어려울 게 하나도 없는 일이지. 데리고 가고 다시 데리러 오는 데 드는 수고로움, 늦은 시간 서로의 가정에 대한 미안함, 아이의 수면시간에 대한 걱정 등등, 어른의 입장에서는 걸리는 일이 많다는 것을 아이가 쉽게 알 수는 없는 노릇이니까.

그래서 우선은 천천히 설명해주기 위해 지연이와 눈높이를 맞추고 지연이의 눈을 쳐다보았어. 자기 생각과 감정에 가득 차 있는 아이에게 설명을 해줄 때 가장 중요한 것은 눈을 맞추고 이야기하는 것이야. 아이의 이야기를 먼저 들어주고 이해해보고, 내 생각도 나눠보는 것이지.

'지연이는 달님 언니네 집에 따라 가서 더 놀고 싶구나? 조금밖에 못 논 거 같아 너무 아쉽지? 그 마음 아저씨도 알 것 같아.'

달님 언니네 가겠다고 울며 고집 피우던 지연인 그제야 울음을 멈추고 나와 눈을 맞추어주었어. 자기 마음을 알아준다고 느낀 거겠지. 그리고 난 지연이가 우리 집에 따라올 수 없는 이유를 설명했어. 먼저 내가 지금 처한 사정을 솔직하게 그대로 이야기해줬어.

'아저씨는 좀 전까지 일하다 와서 배고프고 피곤해. 그런데 오늘 달님 언니 엄마가 없어서 집에 들어가도 아저씨는 아이들 잠잘 준비를 도와준 후에야 밥을 먹을 수 있어. 하지만 지연이가 우리 집에 지금 오면 달님 언니도 지연이랑 놀아야 해서 차분히 옷 갈아입고 치카치카 하고 잘 준비를 할 수가 없어. 그럼 아저씨도 밥을 먹을 수가 없단다.'

지연이는 잠시 주춤했어. '잘 시간이니 그만 놀아라' 했을 땐 졸리지 않다고 놀 거라고 하면 됐는데, 아저씨가 불편하고 힘들다고 하니 아저씨 입장도 이해가 되거든. 그래도 답답하고 억울한지 울먹이기 시작했어.

'아저씨. 지금 가서 놀고 오면 안 돼요? 아저씨 밥 먹는 동안 우리끼리 놀 수 있어요.'

'지연아. 그리고 지금은 시간이 너무 늦었어. 지금 지연이가 우리 집에 놀러 오게 되면 아저씨가 불편하기 때문에 지연이 엄마아빠가 아저씨한테 미안해질 거야. 그렇다면 지연이 엄마가 앞으로 지연이를 달님 언니 집에 편한 마음으로 놀러가게 해줄 수 있을까?'

'그래요? 그래도 저는 지금 너무 놀고 싶은데….'

'지연아. 그러면 선택을 해야 해. 지금 달님이 언니네 집에 가서 놀면 지연이 엄마 아빠도 아저씨한테 미안해져서 당분간은 자주 만나는 게 어려워질 거야. 하지만 지금 헤어지면 내일은 마음놓고 실컷 놀 수 있어'

'힝. 그럼 오늘은 5분만 놀고 내일은 실컷 놀게요.'

'지연아, 5분이 얼마만큼인지 아니?'

'…(우물쭈물)….'

'5분은 지연이가 좋아하는 만화 페파피그 한 편을 보는 시간만큼이야.'

'앗 정말요? 그렇게 짧아요?'"

둘 중 하나를 선택해야 한단다

난 '그렇지, 5분은 택도 없이 짧지' 하고 생각하며 남편의 말을 계속 들었다.

"시간에 대해 알려주고 난 다음에는 지연이에게 이렇게 말했어.

'지연아. 아저씨한테 두 손 좀 줘볼래?'

지연이가 두 손을 내밀었고 난 그 손을 모아 잡았어.

'지연아. 이제 엄마 손을 한번 잡아봐'

이렇게 말하자 지연이는 엄마 손을 잡기 위해 내 손을 놓으려고 했어. 하지만 난 놓아주지 않았지. 지연이는 아저씨와 엄마를 번 갈아 쳐다보며 어쩔 줄을 몰라 했어.

'지연아. 이것 봐. 아저씨랑 손을 잡고 있으니 엄마 손을 잡을 수 가 없지? 선택이란 이런 거야. 하나를 선택하면 다른 것을 선택하 지 못해. 네가 아무리 엄마 손을 잡고 싶어도 아저씨 손을 놓지 않 으면 그럴 수 없듯이 지금 5분간 노는 것을 선택하면 내일은 언니 랑 놀 수 없어. 왜냐면 아직은 너희가 어려서 함께 놀려면 어른들 의 수고가 필요하기 때문이야. 혼자 모든 일을 할 수 있기 전까진

하고 싶은 것을 다 할 수 없을 때도 있는 거란다. 엄마 손을 잡기 위해 아저씨 손을 놓아야 하는 것처럼 내일 놀려면 오늘 노는 것을 포기해야 해. 지연이는 어떤 것을 선택할래? 지금 5분만 놀고 내일 안 노는 거? 아니면 오늘 헤어지고 내일 종일 노는 거?'

이야기를 들은 지연이는 잠시 생각하더니, 고개를 끄덕였어.

'아저씨. 저 아저씨 손 말고 엄마 손을 잡는 걸 선택할래요. 그리고 오늘 잠깐 노는 거 말고 내일 오래 노는 걸 선택할게요.'

그리고 내 손을 놓고 엄마에게 갔지. 어른이 아무리 '넌 둘 중 하나를 골라야 해'라고 이야기를 해도 아이는 우선 당장 놀아야겠다는 생각으로 가득 차서 내일 왜 못 노는지 이해하지 못해. 선택을 왜 해야 하는지도 당연히 모르고. 그래서 아이와 대화를 하려면 말로도 충분히 설명해야 하지만, 촉각이나 시각과 같은 몸의 감각을 통해서 직접적으로 느낄 수 있도록 도와주는 게 좋아. 그러면 더 쉽게 이해할 수 있으니까."

설득이 아닌 소통을

남편을 통해 내가 듣게 된 것은, 어떻게 아이를 '설득'해서 순순히 따르게 했는지에 관한 이야기가 아닌, 어떻게 아이와 좀 더 효과적인 '소통'을 했는지에 관한 이야기였다. 그리고 그 소통의 핵심은 아이를 존중하면서 나의 감정과 생각을 바라보고 그것을 언어로 설명하는 것이었다.

사실 아이들이 항상 엄마가 원하는 바를 선택하는 것은 아니다. 오히려 그 반대에 가깝다. 오죽하면 '말 안 듣는 청개구리'라는 동화도 있을까. 자신이 원하는 바에 따라 본능적으로 움직이는 아이들은 엄마의 반대에 '싫어!' '엄마 미워!'를 외치며 저항하기 일쑤이다. 그러면 엄마는 또 갑갑하다. 알아듣도록 잘 설명한 것 같은데 왜 고집을 피우는 것일까? 그러다 화가 치밀어 오르면 '아 몰라! 그래! 넌 네 맘대로 해!' 하며 아이를 등진다.

어릴 적 기억을 떠올려보면 엄마가 차가운 목소리로 등을 보일 때와 화난 얼굴로 회초리를 들고 나타날 때 느꼈던 공포의 크기는 서로 다르지 않았던 것 같다. 그 순간 버림받을 수도 있다는, 엄마의 사랑을 잃을 수도 있다는 두려움에 내가 원하던 것은 순식간에 잊어버리고 엄마에게 울면서 매달릴 수밖에 없었다.

엄마도 아이도 서로에게 귀를 닫고 있었다. 그러나 정말 귀를 꽉 틀어막고 있던 건 아이보단 엄마가 아니었을까?

정말로 아이를 위해서인지
생각해보기

잘 생각해보면 우리는 자신이 원하는 바를 상대방에게 요구하기 위해 '너를 위해서'라고 말하는 경우가 의외로 많습니다. "네가 피곤할까 봐 안 했어." "네가 싫어할까 봐 못 했어." "너 좋으라고 그랬어." 실제로 그런 마음이 들기도 했겠지요. 하지만 내면으로 더 들어가 보면 그런 말들로 자신의 요구를 정당화하거나 상대방에게 책임을 전가해 미안한 마음을 덜고, 자신은 상대를 배려하는 '착한 사람'으로 남고자 하는 경우가 많습니다.

아이에게도 마찬가지입니다. "네가 건강하길 바라기 때문에(네가 아프면 내 마음이 속상하고 간호하느라 힘드니), 네가 기분이 안 좋아질까 봐(네가 짜증 부릴까 봐 두려워서), 네가 배고프고 키가 크지 않을까 봐(나중에 식사를 다시 차려줘야 하는 번거로움이 싫고 또래보다 성장이 잘 안 되어서 생길 수도 있는 불이익을 지켜보기 두려워서) 넌 엄마 말대로 해야 해."

혹은 남이 어떻게 볼까 하는 걱정을 아이에게 말하기도 합니다. "이렇게 하면 남들이 흉봐.""저러면 친구가 널 좋아하겠니?""그러면 저 아줌마가 싫어할 거야.""저기 아저씨가 이놈~ 한다.""어휴 넌 창피하게 왜 그런 말을 하니?" 엄마가 타인의 시선을 의식해서 아이에게 던지는 한마디에 아이는 자신의 자연스러운 마음을 표출한 것에 죄의식을 느끼게 되고 솔직함을 잃게 됩니다.

아이 입장에서는 어리둥절하기도 합니다. 분명 엄마가 내 걱정이 되어서 그런다고 했는데. 그래서 난 괜찮다고 했는데, 왜 엄마는 아직도 화난 것 같지? 왜 계속 같은 말을 반복하는 거지? 난 분명 결정하고 말했는데 엄마는 왜 아직도 내 이야기를 안 들어주지? 이렇게 말입니다.

자기 마음을 제대로 들여다본다는 것은 참 어려운 일입니다. 하지만 아이를 키우는 상황에서, 인격을 지닌 새로운 존재를 길러내는 '엄마'로서 자신의 마음을 들여다보고 인정하는 연습은 정말 중요한 일이라고 생각합니다. 엄마의 본심을 인정하지 않고 아이 탓으로 돌려 아이를 책망하게 될 때가 바로 아이와 엇갈리는 순간이기 때문입니다.

내 마음속 한구석에 어떤 것이 숨어 있는지 들여다보세요. 처음엔 분명 아이를 위한 마음이라고 생각했는데 사실은 엄마로서의 욕심이 절반 이상인 경우가 흔하다는 걸 알게 될 겁니다. 그렇게 발견한 나의 마음을 아이에게 이야기하는 것을 부끄러워할 필요는 없습니다. 그래야 아이도 상대방이 어떤 마음을 가지고 있는지 제대로 알게 되지요. 그리고 자신의 부족함을 인정함으로써 보완해나가려고 하는 참다운 용기를 엄마의 모습을 통해 배워나가게 됩니다.

엄마는 슈퍼맨이 아니니까 힘들 수도 있고 귀찮을 수도 있습니다. 그런데도 겉으로 그렇지 않은 척하는 것은 엄마 자신에게나 아이에게나 좋을 게 없는 일입니다. '괜찮은 척' '아닌 척' 하다 보면 그것이 쌓여 마음속의 화가 되고 결국 엉뚱한 일에 그 화가 표출됩니다. 그렇게 되면 아이도 엄마의 모습을 그대로 닮아서 나중에 고민이 생겨도 엄마와 나누지 못합니다. 자신의 마음을 스스로 읽고 터놓고 나누는 모습을 엄마에게 배우지 못했으니까요.

아이가 앞으로 살아가면서 겪게 될 수많은 인간관계, 그것은 바로 엄마와의 관계로부터 비롯된다는 사실을 항상 잊지 마세요.

책임감은
존중을 통해 길러진다

제주도로 여름휴가를 가게 되었다. 둘째를 임신하고 낳고, 셋째를 임신하고 낳고. 지난 3년 동안 아이가 너무 어려서, 혹은 내가 만삭이라서 갈 수 없었던 여름휴가를 드디어 가게 된 것이다.

하지만 언제 어디로 튈지 모르는 만 4세, 2세 두 아이와, 아기띠로 안은 젖먹이를 데리고 대중교통을 이용해 공항으로 가야 하는 녹록지는 않은 상황. 남편과 나는 짐을 최대한 줄여서 떠나기로 했고, 결국 트렁크 하나와 숄더백 두 개에 다섯 식구의 4박 5일 동안의 짐을 모두 넣어 떠날 준비를 마쳤다.

'이제 이 정도면 됐겠지? 트렁크 위에 가방 하나 얹힌 걸 달님 아빠가 끌면서 달님이 손잡고 가고, 나는 휴대용 유모차에 햇님이

앉히고. 손잡이에 가방 하나 걸고, 별님인 아기띠로 안고…. 그럼 되겠다!'

가장 걱정했던 짐 싸기가 겨우 정리가 되었다. 그런데 모든 채비를 마치고 막 현관을 나서기 직전! 바다에 간다고 며칠 전부터 들떠 있던 달님이가 갑자기 모래놀이 세트를 꺼내 들었다.

"엄마! 나 이거 가지고 갈래요!"

그것은 13피스로 이루어진 진짜 모래놀이 세트였다. 평소 놀이터에 나갈 때도 다 챙겨들 엄두가 나지 않아 몇 가지만 골라서 가지고 나가던 그것.

"달님아! 바닷가에 가면, 바다가 주는 선물이 엄청 많아. 조개껍데기, 불가사리, 예쁜 조약돌. 그런 것들로 모래놀이를 하면 더 멋지지 않을까?"

"아니에요, 엄마. 그건 그거고 전 이것도 필요해요."

"엄마 아빠는 달님이 햇님이 손도 잡아야 하고 짐도 많고 해서 그 모래놀잇감까지 들어줄 수는 없는데?"

"그래요. 그럼 이건 제가 들게요!"

"달님아. 버스 타는 곳까지도 멀고 공항에서도 한참 기다려야 해. 달님이가 비행기 안에 들고 타야 하고 공항에선 위험한 물건이 아닌지 검사도 받아야 해서 달님이가 힘들 수도 있어."

"괜찮아요!"

완전 쿨하게 자기가 책임지겠다고 말하는 달님이. 이번엔 남편이 나섰다.

"달님아! 그럼 아빠랑 지금부터 모래놀잇감 들고 걸어 다니는 연습을 해보자."

남편은 모래놀잇감을 든 달님이와 함께 집 안 이곳저곳 구석구석을 돌아다녔다. 이 방 저 방 돌아다니고 다락방 계단도 올라갔다 내려오고 왔다 갔다 열심히 들고 다니는 달님이. 하지만 아이의 의지는 굳건했다. 나와 남편은 난감한 기색으로 서로를 바라보았다.

"어떡할까?"

"글쎄? 꼭 가져가고 싶은 거 같은데?"

"아무래도 그렇지? 그럼 버리는 셈 치고 가져가볼까?"

"그러자. 만 원 돈에(모래놀잇감세트 가격) 달님이가 책임감을 연습할 수 있는 기회가 되겠네."

"으으. 그래도 달님이가 결국에 이걸 챙기길 포기하면 버리고 와야 할 텐데 조금 아깝긴 하다."

평소에 함께 외출할 때도, 아이는 들고 가봐야 쓸모도 없고 굳이 짐만 될 것 같은 물건을 굳이 가지고 나가겠다고 할 때가 있다. 예를 들어 햇볕 쨍쨍한 날 우산을 갖고 나가겠다고 고집을 부리는 식이다. 그러면 우리는 위협이나 협박이 아닌 차분하지만 단호한 말투로, "우산을 꼭 갖고 나가고 싶으면 그래도 돼. 하지만 엄마 아빠가 대신 들어주지는 않을 거야. 네가 끝까지 책임지고 들고 다녀야 하는데 괜찮겠니?"라고 확인을 한 뒤 아이의 결정을 따라준다.

그렇게 곰 인형이나, 새로 재미 붙인 동화책이나 장난감들은 달님이의 고민 끝에 손에 들려 함께 나들이를 다녀오기도 하고, 현관에서 방으로 되돌려져 집을 지키는 신세가 되기도 하였다.

책임진다는 것은 행여나 힘들고 불편해서 도저히 물건을 들고 다닐 수 없게 되면 물건을 길바닥에 버릴 각오를 해야 한다는 이야기이기도 하다. 그래서 달님이는 결정을 내리기 전에 외출의 목적지와 상황을 물어보고 신중히 생각했다. 남편과 나는 물건을 갖고 나갔을 때 벌어질 수 있는 상황을 충분히 설명해주고 달님이가 내린 결정을 존중해준다. 스스로 결정하고 그 결과에 책임을 지는 것이 바로 '어른'으로 성장하는 과정이라고 믿기 때문이다. 그렇게 해서 달님이의 모래놀잇감은 좀 먼 여행을 떠나게 되었다.

아이의 결정을 존중해주기

모래놀잇감 포장지에 붙어 있는 사진처럼 바닷가에서 가지고 놀 생각이었는지, 아니면 동화책에서 본 대로 멋진 모래성을 만들 꿈에 부풀었는지 엄마 아빠의 간곡한 만류에도 달님이는 의지를 꺾지 않았고, 그렇게 모래놀잇감과 함께 4박 5일의 여행이 시작되었다.

집에서 버스정류장까지 가는 길에서 자기 몸뚱이 절반만 한 바구니를 들고 가는 아이의 뒷모습이 자꾸 안쓰러워 보인다. 그래서 달님이에게 "달님아. 무겁진 않아? 들 만해?"라고 물어보았는데, 내가 말을 하자마자 함께 걷던 남편이 내 입을 막는다.

"여보. 그런 말은 하지 않았으면 좋겠어. 당신이 달님이의 결정을 존중해준 거잖아. 달님이가 결정해서 행하는 일을 자꾸 확인하고 물어보면 아이는 엄마가 자신을 믿지 못한다고 생각할지도 몰라.

당신이 입장을 바꿔서 생각해봐. 무언가를 하려고 굳게 결심한 뒤 열심히 일을 진행하고 있는데 옆에서 자꾸 '정말 할 수 있겠어? 힘들지 않아? 그렇게 하면 힘들 텐데?' 이런 식으로 계속 물어보면 기분이 어떨까? 상대방이 나를 믿지 못한다는 생각도 들고 내 능력이 부족한가 하는 생각도 들 거야.

아이도 똑같은 마음일 거야. 아이가 결정을 했고, 부모도 그것을 받아들였으면, 그다음부터는 아이의 몫이니까 믿고 조용히 지켜봐주자. 굳이 용기를 불어넣겠다고 파이팅 어쩌고 할 것도 없고, 힘들지 않느냐면서 위로할 것도 없어. 둘 다 결국엔 아이를 믿지 못하는 마음에서 나오는 행동이고, 아이는 그걸 다 느껴. 다만 말로 표현을 못 할 뿐이지.

아이가 중간에 포기하여 실패하게 되더라도 엄마 말을 듣지 그랬냐고 비난할 것도 없어. 아이는 이미 충분히 자신의 선택에 대한 결과를 경험을 통해 깨달았을 테니까."

그동안 아이의 결정을 존중해준답시고 아이 뜻대로 따라가주면서도 내 안의 불안을 어쩌지 못해 내뱉은 무수히 많은 말들이 떠올랐다.

"힘들진 않니? 어려우면 여기서 그만 할까?" "그렇게 하면 넌 분명 지치고 짜증 날 거야." "봐봐, 엄마가 그랬잖아. 그렇게 하면 불편하다고." "그것 보렴. 엄마가 그렇게 하면 다친다고 했잖아." "엄마 말 안 들으니 결국 이렇게 됐잖니."

아이의 결정이 틀리고 나의 말이 결국 맞았음을 증명하기 위해, 혹은 내 안의 불안이 실현되는 것이 두려워서 내뱉었던 말들. 그 말들이 결국 아이를 움츠러들게 하고 불안하게 했다는 것을 잊고 있었다. 아이가 지닌 가능성을 무시하고 딱 내 그릇 크기에 맞춰 아이를 가두고 있었다는 생각에 나 자신이 부끄러워졌다.

즐겁게 책임지는 아이

그사이 우리는 공항버스 정류장에 도착했다. 여전히 모래놀잇
감을 들고 버스를 기다리는 달님이에게 남편이 말해줬다.

"달님아. 이렇게 가만 서 있을 땐 바닥에 내려놓아도 괜찮아."

"앗! 그래도 돼요?"

달님이는 아빠의 말에 모래놀잇감을 내려놓은 뒤 주섬주섬 챙
기고 정리한다. 햇님이는 누나 덕에 가져온 놀잇감을 하나 꺼내서
버스를 기다리는 동안 지루하지 않게 갖고 논다.

공항에 도착해서는 달님이 스스로 보안검색대 바구니에 모래놀
잇감을 담아 X-ray를 통과시켜 검사를 받고 다시 받아든다. 그리
고 활주로가 보이는 창가에 서서 비행기를 구경한다. 그렇게 비행
기를 타러 가는 길에서도, 비행기 안에서도, 비행기에서 내려서도
달님이는 모래놀잇감을 살뜰히 챙겼다.

드디어 제주도 도착. 이제 투명한 바다와 모래사장에서 고생한
것에 대한 대가를 돌려받을 시간이 왔다. 열심히 혼자 수영복 갈
아입고 모래놀잇감을 챙겨 앞장서는 달님이. 얼마나 기대되는 순

간이었을까? 서울에서부터 이고 지고 온 모래놀잇감으로 해초를 얹은 케이크를 엄마에게 만들어주고, 동생과 함께 모래성도 짓는다. 동생들은 누나가 힘들여 들고 온 놀잇감 덕에 더 다채로운 모래놀이를 할 수 있게 되었다.

달님이는 머릿속에 그리고 생각한 만큼 충분히 즐겁게 모래놀이를 했던 것 같다. 그리고 4박 5일의 일정 뒤 돌아오는 날에도 역시 자기의 놀잇감을 잘 챙겼다. 올 때 한 번 해본 일이라고 공항 검색대도 여유롭게 통과했다.

그런데 조금 뒤 흥미로운 일이 벌어졌다. 비행기 탑승 장소 앞에 있는 면세점에 구경할 거리가 많았는지 달님이는 호기심에 가득 찬 눈으로 북적대는 사람들 속을 바쁘게 움직이고 있었다. 한 손에 소중한 모래놀잇감을 꼭 들고. 그런데 앗. 우당탕! 바구니를 떨어뜨려서 담겨 있던 장난감들이 바닥에 다 흩어졌다. 그런데 달님이와 햇님이가 이 광경을 보자마자 망설임 없이 쭈그려 앉더니 함께 바구니를 바로 세우고 흩어진 장난감들을 모아 순식간에 바구니 안에 차곡차곡 정리한다.

1분도 채 되지 않아 정리가 끝나고 모래놀잇감은 제자리를 찾았다. 이렇게 바구니를 떨어뜨린 일이 여행 중간에도 몇 차례 있었다. 그럴 때마다 아이들이 재빠르게 대처하는 모습은 놀라울 정도였다. 부모가 말을 꺼내기도 전에 순식간에 세 아이가 일심동체가 되어 일사불란하게 움직이는 모습이 사뭇 대견스러웠다. 아이들이 진짜로 '책임'이란 것을 배웠구나 하고 느낀 순간들이었다.

의지를 가진 아이로 키운다는 것

여행을 마치고 집에 돌아오는 그 순간까지 달님이는 성실하고 책임감 있게 자신이 한 약속을 지켰다. 집에 돌아와서 남편과 나는 "달님이가 모래놀잇감을 끝까지 책임지고 들고 다니는 모습, 노력하는 모습이 예쁘고 대견했단다"라고 엄마, 아빠가 느낀 감정을 이야기해주었다.

한번은 이런 일도 있었다. 월요일은 등원할 때 원복 티셔츠를 입어야 하는 날이어서 미리 잘 빨아 말려두었는데 달님이가 굳이 그 전날인 일요일에 원복을 입고 놀이터에서 놀고 싶다고 하는 것이다. 남편이 아이를 설득해본다.

"달님아. 내일은 체육수업이 있어서 원복 입는 날이야. 그런데 지금 달님이가 원복을 입으면 오늘 밤에 엄마가 또 빨아야 해. 그러면 엄마가 두 번 빨래를 하게 되어서 그만큼 힘들어져. 그래서 달님이가 꼭 오늘 입고 싶으면 오늘 저녁에 달님이가 직접 빨아 입어야 한단다."

"네! 제가 빨아 입을게요."

으아. 원복 입기를 포기하라고 한 말인데 설마 진짜 자기가 빨겠다고 할 줄이야. 목구멍까지 튀어나오는 말들을 꼭꼭 삼켜 넘기고, 달님이를 믿어주기로 했다. 달님이는 그날 당당하게 원복을 입고 저녁에 세면대에 물을 받아놓고 발판을 딛고 올라가 아무렇지도 않게 차분히 빨래를 했다(아빠가 군대에서 익힌 손빨래 기술을 전수받으면서 말이다).

아이가 대화를 할 수 있는 나이가 되면서부터는 아이에게 항상 생각할 기회와 시간을 주고, 결정을 기다려주고, 그 결정에 따른 결과를 직접 느낄 수 있게 해주려 노력한다. 크게 다칠 위험성이 있거나 남에게 피해를 입히는 일만 아니라면, 아이가 하고자 하는 일들을 굳이 막거나, 못 하게 할 이유는 없는 것 같다. 이렇게 아이의 뜻을 존중하고 받아들여주면 아이 역시 쓸데없는 고집을 부리지 않는다. 물론 지식과 경험이 부족한 아이인 만큼 닥쳐올 어려움을 예상하지 못해 곤란한 결정을 내릴 때도 있다. 그럴 때는 아이가 현명한 결정을 내리는 데 도움이 되도록 부모가 우려하는 부분을 차근히 설명해주어야 한다. 그리고 일단 결정한 뒤 예상되는 결과에 대해서 스스로 책임지겠다는 의지를 보이면, 그다음부터는 그냥 믿어주면 되는 것이다.

매 순간 아이의 가슴에 솟아나는 의지를 꺾지 않는 것이 아이가 지닌 생명력을 지켜주기 위한 가장 기본적인 일이면서 가장 어려운 일이라는 것을 매일 느끼며 살아간다.

진정한 어른이
되는 길

'어른'이란 무엇일까요? 인생에서 자신이 진정한 '어른'이라고 처음
느꼈던 순간을 기억하시나요? 또 아이를 '어른'으로 키워낸다는 것은
어떤 모습으로 키우는 것일까요?

고1 겨울방학 때 혼자 배낭여행을 떠났던 적이 있습니다. 그런데 처
음으로 맛본 자유의 맛에 너무 들뜬 나머지 항공사에 전화를 걸어 귀
국 날짜를 예정보다 뒤로 미뤄버렸습니다. 그 바람에 최대한 아껴 썼
음에도 불구하고 여행경비가 귀국을 며칠 앞두고 바닥나버렸죠. 식
빵 한 봉지를 사서 하루 세끼를 다 해결하고 수돗물만 마시며 버텼
습니다. 그러다가 엎친 데 덮친 격으로 여행자 설사까지 걸렸습니다.
하지만 원망할 사람이 없었습니다. 비행기 표를 바꾸는 결정을 한 것

은 바로 저 자신이었기 때문입니다.

버스비도 아껴야 하는 상황이라 걸어서 여행을 다니던 중 해변에서 번지점프를 하는 것을 보게 되었습니다. 지금이야 한국에도 흔하지만 그 당시에는 번지점프라는 말을 들어본 적도 없던 시절이었습니다. 이용료를 물어보자 여행자 숙소에서 하루 묵는 비용과 같았습니다. 저는 번지점프를 택했습니다. 그 대신 노숙을 하기로 하고요.

그날 밤, 갖고 있던 옷을 다 껴입고 공원의 벤치에 누워 잠을 자고 있는데 갑자기 비가 쏟아지기 시작했습니다. 비를 피하려고 이리 뛰고 저리 뛰다가 결국 공중화장실 바닥에 쪼그리고 밤을 지샐 수밖에 없었습니다. 물에 빠진 생쥐 모습으로 말이에요. 그 순간 저는, 이러한 결과가 일어난 것에 대해 아무도 원망할 수 없다는 사실을 알았습니다. 숙소를 구할 돈으로 번지점프를 하기로 결정한 사람은 다름 아닌 '저 자신'이었기 때문입니다.

이것은 고생스러운 경험이었지만 저에게는 인생을 통틀어 가장 소중한 경험으로 남아 있습니다. '어른이란 스스로 선택할 자유를 누리고 그 결과에 책임지는 사람'이라는 것을 알게 해주고, 지금 그렇게 하고 있는 나 자신이 한 사람의 어엿한 '어른'임을 처음으로 느끼게 한 경험이기 때문입니다.

'어른'의 정의를 내리는 것은 쉽지 않을 것 같습니다. 그것은 앞에 이야기한 것 말고도 여러 가지 덕목을 포함하는 개념이라고 생각합니다. 그러나 '스스로 선택할 수 있는 자유와 그 결과를 책임져야 하는 의무'는 결코 어른이라는 낱말을 정의할 때 제외될 수 없는 덕목이라고 생각합니다.

'자유와 책임'이라고 해서 거창한 것을 말하는 것이 아닙니다. 아이가 마음껏 어지르고 놀기 위해서는 힘닿는 데까지 스스로 치워야 하는 수고를 감당해야 한다는 사실을, 공부를 하지 않고 놀았으면 원하는 만큼의 성적을 얻을 수 없다는 사실을 담담한 마음으로 받아들이는 것이, 자유와 책임을 몸소 익히고 또 진정한 어른으로 커가는 작은 발걸음일 것입니다.

시간을 관리할 줄
아는 아이

달님이가 초등학교에 입학했다. 유치원 졸업을 축하한다는 이웃들의 인사를 받을 때마다 "전 졸업해서 너무 슬픈걸요" 하는 모습이 안쓰러웠던 달님이. 하지만 처음으로 등교하던 날은 언제 그랬냐는 듯 동이 트기도 전에 일어나 혼자 옷을 갈아입고 엄마가 눈 뜨기만을 기다리며 내 머리맡에 앉아 있었다. 생애 최고로 일찍 일어나 등교를 준비하는 달님이를 보며 앞으로 아침마다 이런 광명이 찾아오길 기도했다. 하지만 그것이 큰 착각이었음을 오래 지나지 않아 깨닫게 되었다.

며칠 후 아침, 거실의 시계는 8시 20분을 가리키고 있었다.

"달님아. 40분밖에 안 남았어. 어서 일어나 준비하고 학교 가야지!"

이불 속의 달님이는 알았다는 듯이 고개를 끄덕였다. 그러나 아이가 입을 옷을 골라놓은 뒤 방에 다시 들어가 보니 여전히 아이는 이불 속에서 꼼지락거리고 있었다.

"달님! 시간 별로 없다니까! 얼른 일어나서 옷 갈아입어!"

지금 몇 시인지 알려줄래?

여기까지 얘기하자 남편이 다가와 말했다.

"여보. 잠깐만! 내가 한번 얘기해볼게."

이불 속에서 거북이처럼 얼굴을 내놓고 있는 달님이에게 다가가 남편은 말한다.

"달님아. 잘 잤어?"

"(끄덕끄덕) 네, 잘 잤어요.."

"달님아. 근데 지금 시계 보이니?"

"네."

"몇 시인지 읽어볼래?"

"음. 잠깐만요. 음. 여덟 시… 삼… 십 분이요."

"그래. 달님아. 달님이는 학교에 아홉 시까지 가야 하고 집에서

126

학교까지 가는 데 10분 정도 걸리니까, 몇 시까지는 집에서 나가
야 할까?"

"음. 아홉 시에서 10분을 빼야 되니까… 음… 여덟… 시… 오십
분이요."

"그래. 그럼 지금부터 20분 정도 남은 거야. 기억하고 준비하
렴."

이렇게까지만 이야기하고 남편은 달님이 방에서 나왔다. 그리
고 나에게 말했다.

"우선은 더 이상 재촉하지 말고 틈 날 때마다 달님이에게 시간
이 몇 시인지만 물어봐봐."

10분 정도 지난 뒤 방을 들여다보니 달님이는 이불에서 나와서
동생들과 장난감을 꺼내 태연한 모습으로 놀고 있었다. 으아. 목
구멍을 치고 올라오는 고함을 꾹꾹 눌러 참고 심호흡을 한다. 그
리고 나름대로 차분한 목소리로 달님이에게 물었다.

"달님아. 지금 몇 시니?"

엄마의 질문에 달님이는, "꺄아! 늦었다!" 하며 화들짝 놀라 옷
을 갈아입으러 뛰어갔다. 그러자 달님이에게 남편이 다시 부드럽
게 말했다.

"달님아. 엄마가 지금 늦었다고 혼낸 것이 아니고 그냥 시간을
물어본 거야. 다시 시계를 한번 보고 시간을 말해볼래?"

"아. 시간이… 여덟 시… 사십… 오 분이요"

"그래. 그렇구나."

달님이가 옷 갈아입는 동안 남편은 말했다.

"당신이 물어볼 때 재촉하는 마음이나 화나는 마음이 목소리에 담겨 있으면 달님이는 재촉받는다는 생각에 시간을 눈여겨보기보다 마음만 조급해질 거야. 이유는 나중에 이야기해줄 테니까 우선은 달님이에게 시간만 계속 물어봐줘. 달님이가 대답하는 시간이 맞는지도 확인해주고."

달님이가 옷을 갈아입고 나왔다. 남편은 다시 시간을 물어봤다.

"달님아. 지금 시간이 몇 시니?"

"여덟 시 오십 분이요. 어? 나가야 할 시간이네!"

"그래. 근데 아직 아침 안 먹었지?"

식탁엔 우유와 꼬마 주먹밥이 놓여 있었다. 달님이는 주먹밥을 먹고 싶은데 늦을까 봐 망설이고 있는 듯했다. 남편이 말했다.

"달님아. 이제는 네가 생각해서 결정을 해야 해. 지금 밥을 안 먹고 나가면 아홉 시까지 학교에 갈 수 있지만 점심시간 전까지 배가 고플 테고, 밥을 먹고 가면 지각을 할 수 있어. 어떻게 하면 좋을까?"

망설이던 달님이가 대답했다.

"주먹밥 열 개 중에 다섯 개만 얼른 먹고 가고 싶어요."

"그래. 그렇게 하자"

달님이는 앉아서 밥을 먹기 시작했다. 사실 나는 달님이가 그걸 고민하고 서 있을 때 입에 주먹밥 몇 개를 욱여넣고 등 떠밀어 출발시키고 싶었다. 아빠와 달님이가 대화하고 있는 동안에도, "우선 입에 하나 넣어!"라고 말하기도 했다. 하지만 달님인 자신의 결정대로 앉아서 차근차근 주먹밥을 먹기 시작했고, 아이가 다 먹고 일어나자 아빠는 다시 물었다.

"달님아 지금 몇 시지?"

"음. 여덟 시 오십…칠 분?"

"그래. 그럼 지금 나가서 학교 교실에 도착하면 운동장에 있는 시계를 꼭 보고 지금부터 얼마나 시간이 흘렀는지 기억해놓으렴. 알았지?"

시간을 직접 느낄 수 있게

그렇게 달님이는 현관을 나섰다. 나만 급한 마음에 엘리베이터 버튼을 누르러 맨발로 뛰어나갔을 뿐, 정작 달님이 자신은 조급하거나 쫓기는 기색 없이 차분히 학교에 갔다. 그렇게 달님이를 학교에 보내고 남편은 이야기를 풀어주었다.

"여보. 달님이가 꾸물대는 것은, 게을러서 그런 게 아니라 시간에 대한 감각이 없어서 그래. 어른들은 아이가 시계를 읽을 수 있으면 시간을 알 거라 생각하는데, 달님이를 관찰해보면 설령 시계를 읽을 수 있다 하더라도 정작 1분이 얼마나 되는 시간인지, 10분과 1시간의 차이가 얼마나 되는지 아직 잘 모른다는 걸 알 수 있어. 놀이터에서 1시간만 놀자고 한 후에 집에 가자고 하면 너무 짧다고 하거나, 5분만 가만 앉아 기다려달라고 하면 너무 지루해하며 안달복달하는 등 말이야. 전에 소아정신과를 전문으로 하시는 선생님에게 듣기로는 아이가 어른처럼 시간의 길이를 가늠하는 능력을 갖추는 것은 초등학교 고학년이 되어도 쉽지 않은 것 같다고 하시더라.

그런 아이들에게 시간을 지키지 않는다고 재촉을 해서 내보내면, 아이의 마음에 남는 것은 불안하고 조급한 마음, 엄마의 성난 모습뿐이야. 그렇게 재촉하고 서두르게 하면 억지로 시간을 맞출 수는 있겠지만 그런다고 아이가 시간에 쫓기지 않고 능숙하게 시간을 관리하는 사람이 될까? 그보다는, 별로 중요한 일도 아닌데 늘 시간에 쫓기며 전전긍긍하는 불안과 강박증을 가진 사람이 될 가능성이 더 크지 않을까?

한번은 진료실에 한 문구점 주인이 찾아오셨어. 그분은 개점 시간에 맞춰서 가게에 도착하지 못하면 하루 종일 찜찜해서 매일 아침마다 쫓기는 기분으로 출근을 하는 게 괴롭다고 하셨지. 몇 분 늦는다고 해서 손님들에게 큰 피해를 주는 것도 아니고 어차피 본인이 주인이니까 늦는다고 야단칠 사람도 없는데 시간을 맞추지 못하면 스스로 견딜 수가 없다는 거야. 그래서 서두르다 보니 출근길에 교통사고가 날 뻔한 적도 있고, 자기 마음이 조급하다 보니 다른 식구들까지 닦달해서 가족들과도 자꾸 싸우게 되었다고 해. 그래서 더 괴로워졌다고.

아이가 편안한 마음으로 시간을 지키는 사람으로 크려면 먼저 시간의 흐름을 스스로 느낄 수 있는 능력이 갖추어져야만 해. 조금 전에 내가 아이에게 일정 간격으로 시간을 물어본 건 아이가 시간의 흐름을 몸으로 느낄 기회를 주기 위해서였어.

우선 현재 시간을 정확히 인지하고 있는지 확인해보고, 모르고 있다면 알려주고, 어느 정도의 시간 안에 어떤 일들을 할 수 있는지 예측해본 후에 그것이 정말 가능한지 직접 확인할 기회를 주는 거야. 아이가 다른 것에 관심이 팔려 시간을 잊고 있을 때는 무턱대고 재촉하지 말고 주의를 환기시켜서 다시 시계를 확인하는 연습을 꾸준히 시켜줘야 해.

그리고 이때는 반드시 열두 개의 숫자가 모두 적혀 있는 아날로그 시계를 사용해야 해. 시계 바늘이 없이 숫자만 나오는 디지털시계로는 시간의 흐름을 시각적으로 느낄 수가 없거든.

달님이는 아직 어리기 때문에 이런 연습이 몇 달은 더 필요할 거야. 절대로 한 번 한다고 되지 않아. 재촉하지 말고, 어떤 일과 어떤 일 사이 어느 정도 시간이 걸리고 그 시간이 어느 정도 길이로 체감되는지를 직접 경험하도록 도와주어야만 어른이 되어서도 시간 안에서 자유로울 수 있어."

어린이집이나 유치원까지는 아프면 결석을 할 수도 있고 어쩔 수 없는 경우 지각을 해도 부담이 없었는데, 아이가 공교육 시스템 안에 들어가니 나도 모르게 결석이나 지각에 예민해졌던 것 같다. 그래서 뭉그적대는 아이에게 잔소리 폭탄을 날리는 일이 많아지고 말이다. 아직 시계 읽는 것도 익숙하지 않고 시간에 대한 감각도 없는 아이를 재촉하며 잔소리를 하다 보면 왠지 이건 아닌 것 같다는 마음에 아이에게 미안해졌던 것도 사실이다.

남편이 알려준 대로 아이가 스스로 시간을 확인하고 움직이도록 이끌어주려면 당장 내 속은 타들어갈 것이다. 아마 실제로 지각을 하게 되는 일도 생기겠지. 과연 내가 조급한 성격을 누르고 그런 상황들을 견뎌 낼 수 있을까?

아이의 연습을 도와주는 엄마

그렇게 얼마의 시간이 지난 후에도 달님이의 시간 확인 연습은 계속되었다. 다행히 점점 몇 시인지 확인해보라고 묻는 횟수가 줄어들었고, 나도 화나거나 재촉하는 마음이 점점 사그라졌다. 나는 아이가 열심히 시간을 확인하고 앞으로의 일을 예상하는 연습을 도와주는 역할에 집중하고 있다. 하지만 아직도 아이를 보내고 뒤돌아서면 현관을 나서기 직전에 한 번 더 시간을 확인하게 하는 것을 깜빡했음을 알아차리곤 한다. 그런 내 모습을 보면 아직도 내 마음은 아이를 빨리 내보내는 데만 신경이 쏠려 있는 것 같기도 하다.

오늘도 나는 생각한다. 나무를 빨리 키우려는 욕심으로 어린 묘목을 잡아당기는 어리석은 농부가 되지 말아야지. 뿌리를 뻗고 가지를 뻗는 일은 나무의 몫으로 맡겨두고 나무가 좋은 물과 햇볕을 받을 수 있도록 더 노력해야지.

리더가 되어 아이를 잡아 이끌려고 하지 말아야지. 내가 먼저 살아봤다고 으스대며 세상을 알려주려 하지 말아야지. 그것은 내 말이 튕겨져 나오는 가장 빠른 방법이자 나를 잔소리꾼으로 만드는 일일 테니까. 또 아이가 경험하고 스스로 깨달을 수 있는 기회를 뺏는 가장 좋은 방법일 테니까.

아이가 학교에
가기 싫어한다면

앞에서는 등교시간에 뭉그적거리는 아이를 보며, 시간관념에 대해

이야기했지만 다른 경우로 아이가 학교에 가기 싫어서 뜸을 들이는

상황도 생각해볼 수 있습니다.

우리가 어릴 때 학교에 가기 싫어하는 마음을 내보이면 부모님은 "학

교 가기 좋은 사람이 어디 있니? 그런 소리 하지 말렴" "너 학교 안

가서 나중에 거지꼴 하고 살래?" "좋아하는 일은 취미로 하고 공부를

열심히 해야 나중에 잘 살 수 있어" 등등의 소리를 들어야 했습니다.

우리 부모님들은 전쟁을 직접 겪었거나 그 여파를 겪은 세대이고, 배

고픔을 경험한 세대입니다. 공부는 가진 자가 누릴 수 있는 특권이었

기 때문에 공부를 포기하고 가족들을 부양하기 위해 돈벌이를 해야

했던 경우도 흔했습니다. 그 시대만 해도 공부에 대한 끈을 놓지 않고 대학에만 가면 그렇지 않은 경우보다 훨씬 대우받고 잘 살았습니다.

하지만 지금은 시대가 변했습니다. 지금 시대에 행복한 삶을 사는 사람들은 부모님의 가르침대로 좋아하는 것을 포기하고 남들 다 하는 공부를 하며 산 사람들이 아닌, 자신만의 창의력과 의지를 가지고 좋아하는 일을 열정적으로 하는 사람들입니다. 우리 부모님 세대와 우리 세대의 모습이 이렇게 다른데, 하물며 우리 아이들이 살아갈 미래는 더 다르지 않을까요?

사람들은 미래의 직업을 궁금해합니다. 저는 미래를 살아보지는 않았지만 미래에 각광받는 직업은 '새로운 직업'일 것입니다. 미래에는 직업과 경제활동의 근간이 '학벌'이 아닌 '개인의 창의성과 선택'이 될 것이라 예상합니다. 좋아하는 일을 파고들어 그 속에서 더 세분화된 것을 추구하다 필요한 지식이 있으면 대학이나 아카데미로 돌아가 일정기간 지식과 기술을 더 습득한 뒤 다시 생산적인 활동을 하는 식으로 말이지요. 아직 세상에 없는 이런 활동은 생각하는 힘과 창의성이 단단한 주춧돌로 만들어져 있어야 가능합니다. 그것은 분명 주어진 교육을 따라가는 것 이외의 것에서 형성될 테고요.

다시 학교 가기 싫어하는 아이 얘기로 돌아와서, 부모님들은 아이가 학교에 가기 싫어하고 공부를 싫어하는 것을 두려워하지 않아야 합니다. 학교와 공부는 아이가 선택한 것이 아니고 사회가 마련한 의무교육이기 때문입니다. 사회가 마련한 의무교육은 인간을 사회의 구성원으로서 생산적인 노동력을 만들어내게 교육하고, 지배계급이 정한 과업을 성실히 수행하고 문제를 해결하는 능력을 키우는 인력을 양산하는 데 주요 목적이 있습니다. 그만큼 개인의 창의성은 환영받지 못하는 교육인 것입니다.

이 시대에 세상을 바꾸는 사람은 주어진 일을 잘하는 사람보다는 공동체 속에서 큰 뜻을 가지고 새로운 생각을 하고 실천하는 사람입니다. 행복하고 의욕적인 삶을 사는 사람의 이미지를 떠올릴 때 우리는 자신의 생각을 가지고 주체적으로 움직이며 노력하는 사람의 모습을 그릴 것입니다. 하지만 지금의 사회는 거대한 기계의 톱니바퀴에 맞물려 돌아가는 나사못으로 아이를 자라나게 하고 있습니다. 내 아이가 그러한 자본주의의 소모품이 되지 않길 바란다면 먼저 부모인 내가 아이에게 사유의 시간을 주고 아이의 의지를 바라보고 스스로 생명력을 꽃 피울 수 있게 길을 안내해주어야 합니다. 내 아이가 남들보다 못살지도 모른다는 불안이 남들 하는 것을 모두 쫓아서 하게 만듭니다. 하지만 결국 그것이 나만 한 그릇에 아이를 가둔다는 사실을 잊지 않았으면 합니다.

이 나라의 아이들이 조금 더 행복하게 정신이 건강하게 자라기를 바랍니다.

놀림을
두려워하지 않아도
된단다

　초등학교에 입학한 달님이는 하교 후 운동장에 남아 친구들과 뛰어노는 재미에 푹 빠졌다. 그러다 보니 좋아하던 원피스나 공주 스커트가 아닌 바지를 입기 시작했다. 달님이의 공주치장이 평소 맘에 들지 않았던 나는 이 변화가 내심 기뻤다. 그리고 슬그머니 달님이의 치마와 드레스를 안 보이는 곳에 옮겨두었다. 혹시라도 달님이가 찾으면 꺼내줄 생각이었지만 공주치레를 하는 나이가 어느 정도 지나서인지 달님이는 한참 동안 그 옷들을 찾지 않았고, 그렇게 드레스들은 잊히는 것 같았다.

　그러던 어느 날, 옷장정리를 하려고 숨겨놓았던 옷들을 무심결에 옷장 밖으로 꺼내놓았다. 그것이 고이 잠자고 있던 달님이의 드레스 본능을 일깨울 줄은 모르고 말이다.

"엄마. 나 내일 엘사 드레스 입고 학교 갈래요."

"응? 정말? 학교에는 이런 드레스 입고 다니는 친구 없던데."

"아니에요. 며칠 전에 우리 반 지영이도 엘사 옷 입고 왔어요. 그래도 아무도 안 놀리던데요?"

"그래? 근데 달님아. 엄마가 어제 햇님이 유치원에 갔다 왔잖아. 거기 다섯 살 동생들 중에 공주 드레스 입고 있는 여자애들이 있더라고. 엄마가 보기엔 공주 드레스는 다섯 살 동생들이 입는 것 같아. 그런데도 달님인 이 드레스가 입고 싶니?"

"네. 전 요즘도 이 드레스가 입고 싶었어요. 엄마."

"그래. 그럼 입으렴. 그런데 내일 체육수업이 있는 건 아닌지 주간학습계획표 확인하고 와볼래?"

쏜살같이 냉장고에 붙은 유인물을 확인하고 온 달님이는 체육수업이 없다며 내일 입을 엘사 드레스를 옷걸이에 걸어 자신의 옷장 앞에 걸어두었다.

공주가 되고 싶어요

아이들이 잠든 후, 옷장 앞에 걸린 엘사 드레스를 보며 나는 한

숨을 지었다. 저 옷을 입고 공주에 빙의되어 뽐내고 다닐 달님이가 눈에 선했다. 옷으로 주목받고 싶은 아직은 어린 딸의 마음을 이해하면서도, 마음이 무거워지는 것은 사실이었다.

나는 달님이에게 예쁜 마음씨와 행동거지, 말투를 가져야 진짜 공주라고 셀 수 없이 이야기해줬었다. 실제로 요즘 공주는 바지를 입는다며 각국 공주들의 외교행사 사진을 찾아 보여주기도 했다. 바비인형은 남편 의견에 따라 한 번도 사준 적이 없었다. 남편의 의견은, 아이가 어릴 때 서양의 몸매 비율과 머리색, 눈 크기를 아름다움의 기준으로 받아들이게 되면 그렇게 생기지 않은 자신의 외모에 대해 부정적인 상을 갖게 되어 스스로를 사랑하는 데 방해가 될지도 모른다는 것이었다. 어쩌다가 친척 언니에게 물려받은 옷 박스에서 바비인형을 발견하고는 예쁘다며 감탄하는 달님이. 그럴 때에도 우리는 달님이에게 팔다리 길쭉한 그 인형보다 달님이가 훨씬 예쁘다고 말해주었다. 그런데 이런 노력에도 불구하고, 달님이는 드레스를 입은 공주가 되고 싶어 했다.

다음 날 아침, 달님이는 결국 엘사 드레스를 입고 등교했다. 남편은 여느 때처럼 달님이를 학교에 데려다주었는데, 학교에 가면서 둘은 어떤 얘기를 했을까? 후에 남편으로부터 등굣길에 달님이와 나눈 대화를 전해 들을 수 있었다.

140

"달님이가 공주 옷을 입고 나가는 것을 보며 나도 약간 신경이 쓰였어. 그래서 길을 가다 달님이에게 물었지.

'달님아. 오늘 엘사 드레스 입었네?'

'네. 우리 반 지영이도 어제 입고 왔는데 아무도 안 놀렸어요.'

'그래? 달님이는 지영이처럼 되고 싶어서 그런 거니?'

'(잠시 생각하다) 아니요. 그런 것은 아닌 것 같은데….'

'그래? 그럼 달님이가 원래부터 엘사 옷을 입고 싶었는데 친구가 먼저 입고 온 걸 보니 너도 괜찮을 것 같아서 그런 거니?'

'네, 그런 거 같아요. 친구들이 놀리지도 않더라고요.'

달님이의 이야기를 듣고, 난 아차 싶었어. 그러고 보니 학기 초에 달님이가 공주 옷을 입고 등교하겠다고 했을 때 당신과 내가 초등학생은 공주 옷을 입지 않는다고, 학교에 입고 가면 사람들이 놀릴 수도 있다고 얘기했던 게 기억이 났어. 그렇게 얘기하지 말았어야 했다 싶었지. '남에게 놀림을 받는 것'에 대한 쓸데없는 두려움을 심어준 것이니까."

놀리는 사람과 놀림을 받는 사람

그때 나는 달님이가 우리의 의견을 순순히 받아들였기에 마냥

좋게 생각했었다. 아이를 단념시키기 위해 무심코 한 말이 그런 결과를 낳는다니…. 남편은 이야기를 이어나갔다.

"그래서 달님이와 다시 이야기를 했어.

'음. 달님아. 네가 드레스를 입고 가면 놀림을 받을 수도 있고 그렇지 않을 수도 있어. 하지만 놀림을 받을 수 있다는 이유로 네가 하고 싶은 일을 포기할 필요는 없어. 달님이가 다른 사람에게 피해를 주는 것만 아니라면 너 자신이 원하는 것을 해도 돼. 비록 남들이 비웃더라도 말이야. 사실 아빠가 이제까지 살아오면서 잘 보니까 보통 놀림을 받는 사람은 이상한 사람이 아니고 놀리는 사람이 이상한 사람이더라! 자, 달님아 한번 잘 들어봐! 얼레리꼴레리. 나뭇잎이 초록색이래요. 초록색이래요. 얼레리꼴레리. 달님이가 보기엔 나뭇잎이 이상한 거야 놀리는 아빠가 이상한 거야?'

'히히. 놀리는 아빠가 이상해요.'

'얼레리꼴레리 버들가지가 휘어졌대요. 휘어졌대요. 버들가지가 이상해, 놀리는 사람이 이상해?'

'놀리는 사람!'

'그래? 놀리는 사람이 이상한 거 맞아? 얼레리꼴레리 달님이 가방은 분홍색이래, 분홍색이래. 누가 이상해? 가방? 아니면 놀리는 사람?'

'히히히. 당연히 놀리는 사람이죠! 그런 것을 놀리니까 이상해

요.'

'그래, 달님아. 나뭇잎이 초록색이고 버들가지는 휘어져 있듯이, 모든 자연과 사람은 저마다의 모습을 가지고 있어. 그게 그 사람의 특성이고 본 모습이야. 그것이 맞다, 틀리다 말할 수는 없어. 세상에 옳거나 그른 것은 없단다.

달님아. 나뭇잎이 보라색이거나 하늘색이면 이상한 걸까? 원래 그런 나뭇잎이거나 그렇게 색이 변할 수밖에 없는 이유가 있었을 텐데 이상하다고 놀릴 것은 아니지 않을까? 팔이 하나인 게 이상한 건가? 그렇게 태어났거나 그렇게 될 수밖에 없는 이유가 있었을 텐데 팔은 두 개가 정상이라는 생각 때문에 놀리는 거겠지? 모든 사람이 같아야 할 이유는 없어. 그러니까 놀림을 받는 사람이 아니라 놀리는 사람이 이상한 거야. 다른 사람의 모습을 인정하고 받아들이지 못하고 자기 생각만 옳다고 고집 부리는 거니까.

남에게 피해를 주는 것이 아니라면 달님이 네게도 원하는 것을 마음껏 할 자유가 있어. 네가 그렇듯 다른 사람들도 마찬가지야. 그러니 누군가를 놀릴 일도 없고, 놀림받는 걸 무서워할 필요도 없단다. 달님이가 결정한 대로 하다 보면 여러 일들을 겪게 될 텐데, 그럼 그때 상황에 맞춰서 또 생각해보고 다시 결정하면 되는 거야. 다른 사람 눈치만 보면서 사는 사람은 행복하게 살 수가 없단다.'"

놀림에 당당한 아이, 남의 눈치를 보는 엄마

남편은 나와 완전히 다른 것에 초점을 두고 있었다. 나는 달님이가 드레스를 입고 가서 우쭐대다가 미움을 받으면 어쩌나, 다른 엄마들이나 선생님이 보고 애한테 왜 저런 옷을 입혔나 생각하면 어쩌나. 그리고 저렇게 내면보다 겉모습에만 신경 쓰면 어쩌나 하는 걱정 때문에 달님이가 드레스를 입지 않기를 바랐다. 남의 시선과 겉모습에 신경을 곤두세우고 있었던 것은 달님이가 아니라 나 자신이었던 것이다.

하지만 남편은 자기 생각은 일단 접어두고 달님이가 먼저 자신의 마음을 들여다보게 도와주었다. 아이가 무엇을 원하고 무엇을 두려워하는지를 생각해보게 하고, 그 두려움과 욕구가 적절한 것인지 판단할 수 있게 안내해주었다. 아이가 아직 인식하지 못했던 자신의 마음을 들여다보면서 스스로 생각하고 판단하고 결정할 수 있도록 인도해주었다.

"여보. 그렇게 이야기를 풀어갔으면 되었는데 난 내 불안한 마음 때문에 표정만 굳어졌던 것 같아. 한 수 배웠네!"

먼저 몸으로
보여주기

앞에서 이야기한 것들은 어떻게 보면 중요한 것이 아닙니다. 부모가 그런 마음을 갖고 있으면 아이들은 따로 말할 것 없이 그대로 배우기 때문이지요. 하지만 부모가 사회적인 체면을 너무 신경 쓰고 비난에 휘둘리면서 애한테 말로만 '자기 본연의 모습을 자랑스럽게 여기고 사랑해라, 남들의 원래 모습을 인정하고 받아들여라' 하고 가르친다고 생각해보세요. 그럼 아이가 그 말을 들을까요?

교육은 몸으로 보여주는 것입니다. 아이에게 바라는 모습이 있다면 엄마가 먼저 그렇게 되어 행동하고 말할 수 있게 노력해야 합니다. 그러면 아이들은 저절로 엄마를 닮아갈 것입니다. 그게 진짜 교육입니다.

크게 다치거나 남에게 피해를 주는 일이 아니라면
아이들이 하고자 하는 일을 막지 말아주길.
작은 모험 하나도 아이의 뜻이니 존중하고 받아들여주길.
아이의 가슴에 솟아나는 의지를 꺾지 않는 것이
아이가 지닌 생명력과 호기심을 지켜주는 첫 걸음이니까.

3장

마음으로
통하는
엄마와 아이

엄마 마음은
이렇단다

가을이 깊어지던 어느 날, 시민회관에서 아이들을 위한 클래식 콘서트가 열린다는 소식에 여섯 살 달님이, 세 살 햇님이의 표를 예매했다. 평일 오전 공연이라 등원은 좀 늦게 하기로 하고, 시어머니께 아이들과 공연을 같이 봐주시길 부탁드렸다. 24개월 미만은 입장이 되지 않아 셋째 별님이를 데리고 있어야 했기 때문이다. 공연이 끝나고 어머니께서 전화를 하셨다.

"공연은 끝났으니 데리러 오려무나. 그런데 아이들이 구슬아이스크림을 사달라고 조르는데, 어쩔까?"

어머님은 아이들에게 푸근한 할머니가 되어주고 싶기도 하면서 한편으로는 몸에 좋을 게 없는 먹을거리를 사주는 것이 망설여지기도 하셨던 것 같다. 하지만 점심시간 직전에 아이들이 아이스크림을 먹으면 점심을 잘 먹지 않을 것이 분명했고, 식사 전 군것질을 하지 않는 것은 우리 집 규칙이기도 했다.

"어머님. 곧 점심시간이라 단것을 먹으면 애들이 유치원에서 점심 잘 안 먹을 텐데요."

"그러니? 알았다. 그럼 사주지 말아야겠구나."

그래, 엄마랑 놀지 마

어머님과의 통화가 끝난 후 얼마 지나지 않아 입이 한 뼘은 나와 있는 달님이가 먼저 차에 올라탔다.

"엄마! 나 구슬아이스크림 먹고 싶어요! 먹고 싶어요! 먹고 싶어요! 구슬아이스크림!"

"달님아. 이제 점심시간이잖아. 유치원 가서 점심 먹어야지."

"흥! 유치원 안 갈 거예요. 구슬아이스크림 먹을 거예요!"

"유치원 안 간다고? 그래 그럼 앞으로 유치원 다니지 말까?"

"흥! 엄마 미워! 나 이제 엄마한테 뽀뽀 안 해줄 거야!"

"그래, 뽀뽀하지 마."

"흥! 나 이제 밥도 안 먹을 거야!"

"그래, 밥 먹지 마."

"이제 엄마랑 얘기도 안 하고 엄마랑 놀아주지도 않을 거야. 히잉~!"

"그래, 엄마한테 이제 놀아달라고 하지 마. 달님아. 이제 곧 유치원 가서 점심 먹어야 하는데 지금 아이스크림을 먹으면 점심이 맛없어서 안 먹고 싶어지고 밥 먹는 시간이 길어지면 유치원 규칙상 친구들이랑 놀이 활동을 할 수가 없잖아. 너 맨날 네가 제일 늦게 먹어서 하고 싶은 놀이 활동을 못 해 속상하다고 했으면서."

"몰라요! 밥 안 먹을 거예요! 아이스크림 먹을 거예요!"

운전대를 잡고 정면을 응시한 채 냉랭하게 대답하는 엄마와 볼멘소리로 끝까지 원하는 바를 주장하는 달님이. 동생들이 보내는 응원의 눈빛과 할머니라는 지원군을 등에 업은 달님이는 그날따라 더 심하게 떼를 쓰고, 시어머니라는 감독관을 의식한 엄마는 더욱 단호해지려 노력하고 있었다.

엄마의 마음을 말해주세요

결국 입이 삐죽 나온 채로 유치원에 들여보냄으로써 상황은 일단락되었다. 하지만 돌아서는 내 마음은 까칠까칠 꺼슬꺼슬. 그날 저녁, 이야기를 전해 들으셨는지 아버님께 메시지가 왔다.

"아이가 원하는 것이 있는데 부모가 들어주지 않는 경우 아이는 화를 내기도 하고 떼를 쓰기도 할 것이다. 그것은 너무나 자연스러운 일이며 심지어 다행스러운 반응이라고도 할 수 있다. 아이가 좌절이나 실망을 해야 마땅한 상황에서 아무런 반응을 하지 않는 경우가 오히려 부적절한 경우이니 말이다. 그런 경우는 반복되는 좌절에 대해 무감각해져버려서 더 이상 자신의 의지를 내세울 힘조차 잃어버린 것일 수도 있다.

아이가 원하는 것을 들어줄 수 없을 때, 그 이유를 설명하는 방법도 중요하단다. 예를 들어 엄마가 '밥 먹기 전에 아이스크림을 먹으면 안 돼. 단걸 먹으면 밥이 맛없어 안 먹겠지? 그럼 키가 안커'라고 아이를 설득하려고 시도했다고 치자. 그럼 아이 입장에서는 '난 키 안 커도 돼요!' 혹은 '그럼 밥 안 먹고 아이스크림만 먹으면 되잖아요!'라는 식의 반박을 할 수도 있겠지.

자신의 주장을 들어주지 않는 엄마가 미워진 여섯 살 꼬마 숙녀가 엄마를 회유하기 위해 귀여운 협박을 했나 본데, 그럴 때 '그래 엄마랑 놀지 마' '엄마 뽀뽀 안 해줘도 돼' '엄마도 그러는 네가 미워'라고 하는 것보다는 엄마가 어떤 마음으로 그러는지를 솔직하게 보여주는 것이 더 낫단다.

예를 들어 이렇게 이야기해보는 거지. '엄마가 아이스크림 못 먹게 해서 달님이가 많이 섭섭한가 보구나. 그리고 지금은 엄마보다 아이스크림이 더 좋은가 보네(아이의 마음을 읽어주기)? 엄마는 달님이에게 있어 아이스크림보다 더 못났으니 참 슬퍼. 엄마는 아이스크림보다 달님이를 더 사랑해서 아이스크림이 달님이를 해칠까봐 속상해(아이에게 엄마의 마음 읽어주기). 아이스크림에는 설탕이 들어 있어서 달님이가 금방 배부르다고 착각하게 해 몸에 좋은 밥과 반찬을 못 먹게 해. 그렇게 되면 달님이가 쑥쑥 크지 못하게 되는 거야(이유 설명해주기). 달님이가 엄마를 미워해서 슬프지만 엄만 달님이를 사랑하니까 아이스크림으로부터 달님이를 지키고 싶어.'

물론 이렇게 한다고 떼쓰던 아이가 당장 조용해지고 엄마의 말을 따르는 것은 아닐 것이다. 하지만 아이를 설득하려들기 전에 먼저 아이의 마음을 곰곰이 느껴보고, 엄마가 아이의 마음을 이해하고 있음을 아이에게 알려주렴. 엄마의 진심을 얘기해보면 아이도 조금 더 네 마음에 귀를 기울여줄 게다.

그런데 아이에게 엄마의 진심을 얘기하려면 먼저 엄마 스스로 자신의 진심이 무엇인지 정확히 알아차리고 있어야겠지."

아이도 엄마를 이해할 수 있다

아이가 내 생각을 잘 이해하길 바라는 마음으로 끊임없이 설명하고 다양한 방법으로 설득을 시도해왔다. 스스로 자신의 마음을 들여다보고 자신의 감정을 읽을 수 있는 아이로 자라길 바라왔다. 그러나 정작 나의 마음을 나 스스로 읽으려 노력하는 모습은 보여주지 않았던 것 같다.

나는 '그래서 슬퍼, 속상해'와 같이 내 감정의 어두운 면을 표현하는 것이 불편했다. 왠지 그 감정을 내게 준 상대에게 지는 느낌 때문이었다. '내가 너한테 이렇게 영향을 받는 약한 사람이야'라고 인정하는 것 같았다. 그래서 남편에게도, 아이에게도 하지 못했던 말들이 꽁하니 가슴에 맺혀 있다가 엉뚱한 때에 폭발도 하였다.

마음을 이야기하라는 것은 감정을 팔아 아이를 설득하라는 의미가 아니었다. 엄마가 자기 감정을 느끼는 대로 차근히 읽는 모습을 아이에게 보여야, 아이도 자신의 감정을 읽고 말로 표현하는 방법을 배울 것이다. 그러다 보면 언젠가는 아이가 "엄마. 엄마가 정말 원하지 않고 섭섭하실 수 있다는 것도 알지만, 저는 이건 꼭 하고 싶어요. 엄마를 사랑하지 않아서가 아니라 제가 그만큼 원해서예요"라고 말하는 날도 오지 않을까 하는 생각도 든다.

엄마를 피곤에서
구하기

엄마가 자신의 마음을 이야기할 때, '네가 그러니까 엄마는 슬퍼'와
'네가 그러니까 엄마는 기분이 나빠'는 완전히 다릅니다. '슬퍼' '속상
해' 등은 내 감정의 상태가 지금 어떠한지 설명한 것이고, '기분이 나
빠'는 '네가 나를 불쾌하게 만들었어', 즉 상대를 향한 책망과 비난이
들어 있습니다. 그런 말을 들은 아이는 주눅이 들거나 혹은 일부러
반항을 하고 싶을 수 있으니, 엄마의 마음을 담백하게 전달할 수 있
도록 말 한 마디에도 신경을 쓰면 좋을 것입니다.

무엇보다 엄마 자신을 피곤에서 구하는 것이 중요합니다. 피곤한 엄
마는 현명하게 행동할 수 없고, 그러면 엄마와 아이가 모두 힘들어지
기 때문입니다.

진정으로 이해하고
소통하는 우리

피곤했다. 전날 새벽까지 일을 했던 것도 그렇고, 세 아이를 데리고 찬바람 쐬며 외출했던 것도 한몫했다. 아이들 저녁을 먹이고 내 허기도 채우고 나니 젖은 빨래마냥 축 늘어져서 누워 있을 수밖에 없었다.

그런데 먼저 저녁을 먹고 방에서 놀고 있던 아이들이, 내가 안방에 눕자마자 어찌 알았는지 하나둘 모여들었다. 등에 센서라도 달아놓은 것처럼 어릴 때 눕히기만 하면 울던 아이들이, 이제 자기들 등에 있던 센서를 내 등에 옮겨놨나 보다.

'삐삐. 센서 작동! 엄마가 누웠다! 가서 올라타자!' 누워 있는 내 무릎 위로 미끄럼을 타고 배 위에 합체하고 깔아 눕고 아주 신이 났다.

여섯 살이든, 세 살이든, 두 살이든 나이고 체면이고 상관없이 이런 순간엔 일심동체가 된다. 다리 위에서 미끄럼을 타고, 배 위에 기어오르고, 뒤집어지고 엎어지며 까르륵 까르륵. 물론 밑에 깔린 이가 체력과 컨디션이 괜찮으면 다리 비행기든, 배로 말 타기든, 공포의 방구 발사든, 마음껏 놀아줄 수 있다. 그러나 엄마 상태가 안 좋으면 짜증 지수는 백만 곱하기 이백만이 된다.

엄마의 감정을 느낄 수 있도록

"달님아! 엄마 지금 피곤해. 저리 비켜."

있는 짜증 없는 짜증을 다 담아 말했다. 달님이는 아랑곳하지 않고 씨익 웃으며 내려갔다 다시 올라오기를 반복했다.

"아 진짜 왜 이래. 엄마 힘들다니까! 하지 말라니까!"

누나가 멈추지 않으니 동생 녀석들도 덩달아 온몸 구석 구석에서 깔고 뭉개고 난리가 났다.

"너 정말 혼날래! 왜 이래 진짜!"

신경질을 있는 대로 담아 외쳐보았지만 소용이 없었다. 보다 못했는지 남편이 한마디 한다.

"여보, 당신 진짜 힘들겠다."

"…응…?"

"아무리 소리를 질러도 애들이 말을 안 들으니 힘들겠네."

"응. 힘들어. 좀 도와줘. 당신 애들 데리고 좀 나가서 놀아주라."

"그래. 그럴게. 그게 당신을 도와주는 거라면 그렇게 할게. 그런데 당신, 나 없을 때도 이러면 어떡하지? 내가 도와줄 수 없잖아."

"그럴 땐 어쩌겠어. 더 소리 지르고 엉덩이 찰싹 해서 쫓아내야지."

"소리 지르고 엉덩이 때리는 게 방법일까? 내가 옆에서 보기엔 더 좋은 방법이 있는 것 같은데."

아…. 남편은 대체 무슨 이야기를 하는 것인지. 그런데 아이들 궁둥이를 피해 남편 얼굴을 보니 무언가 안타까워하는 표정이다.

"그럼 당신 생각엔 내가 어떻게 하면 애들이 말을 들을 것 같은데?"

"엄마 마음을 제대로 말해봐. 짜증 내며 명령만 하면 아이들이 못 알아듣거든. 내가 가르쳐주는 대로 다시 한 번 잘 말해봐."

"히잉. 뭘 더 어떻게 말해."

"좀 더 당신 마음과 상태를 정확하게 얘기해봐. 어떤 느낌이고 어떻게 했으면 좋겠고 아이들이 말을 안 들으면 당신이 어떠해질지를 말이야."

"…끙…."

아. 정말 뭘 어떻게 말하라 하는지 잘 모르겠다. 머릿속은 새하
얗고, 답답한 마음에 짜증이 폭발한다. 하지만 남편 입장에서 보
면 그냥 애들 몰고 나가서 놀아주는 게 더 간단한 방법일 텐데, 마
누라의 짜증을 견뎌가며 귓속말로 대사까지 일러주는 정성이 갸
륵하여 일단 시키는 대로 해본다.

"애들아. 달님아, 햇님아, 별님아! 엄마 좀 봐봐."

그때까지 히히거리며 엄마 몸 놀이터에서 놀던 세 아이는 여전
히 웃으며 엄마를 바라본다.

"엄마 표정 봐봐. 엄마 지금 기분 좋아 나빠?"

"나빠요…."

"엄마는 너희를 사랑하지만 엄마 피곤할 때 이렇게 엄마 몸을
아프고 힘들게 하면 엄마는 아주 기분이 나빠져. 더 피곤해지고.
엄마도 쉬고 싶을 때가 있어. 지금은 엄마가 쉴 수 있게 엄마 몸에
손대지 말아줘. 너희들이 엄마 부탁을 들어주지 않으면 엄마는 정
말 슬플 것 같아. 화도 날 것 같고."

남편이 일러준 대로 "천천히, 조용한 목소리로 단호하게" 이야기
했다. 그러자 두 눈이 동그래져서 엄마 얘기를 듣던 아이들은 스르륵
뱀이 기어 내려가듯 내 몸 위에서 내려가 자기들 방으로 사라졌다.

"뭐지? 이렇게 간단한 일이 왜 안 됐던 것이지?"

아이와 단절 없이 대화하는 법

어리벙벙해하는 나를 옆에서 바라보던 남편이 말한다.

"여보. 봤어? 단호하게 말한다는 것은 짜증을 내는 것도 아니고 차갑게 구는 것도 아니야. 부드럽고 차분하게, 하지만 정확하고 확실하게 당신 생각과 그렇게 생각하는 이유를 설명하고 당신이 느끼는 감정을 전달하는 거야.

중요한 것은 조금 전에 당신이 한 것처럼 아이들의 눈을 바라보며, 차분한 목소리로, 또박또박 이야기하는 거야. 눈도 보지 않고 입에서 나오는 대로 '이렇게 해! 저렇게 해!' 하는 것은 그냥 짜증 섞인 명령일 뿐이야. 그리고 아이들은 결코 이유가 납득되지 않는 명령에 순순히 따르지 않아. 그런데 만약 짜증을 냈더니 애들이 말을 듣는다? 그거야말로 정말 크게 걱정해야 할 일이지. 이미 맹목적인 '굴종'이 습관화되었다는 뜻이니까. 자신의 생각을 당당히 표현하고 토론하는 것보다 그냥 힘센 누군가의 의견에 복종하며 살도록 어릴 때 집에서부터 길들여진 셈이지. 그런 점에서 난 우리 아이들이 짜증에 굴복하거나 이유가 납득되지 않는 명령에 복종하지 않는 게 정말 멋있다고 생각해.

엄마가 계속 짜증을 부리고 소리쳐가며 아이들을 다룬다면, 아이도 타인에게 무언가를 요구할 때 똑같은 방법을 사용하게 될 거야. 형제, 친구, 엄마, 미래의 자기 자식들에게도. 왜냐하면 배운 게 그 방법밖에 없으니까.

아이가 크면서 엄마와 대화할 때도 똑같은 방법으로 엄마를 대하겠지. 요즘은 뭐 중학교까지도 안 가. 중2병이 초5로 내려왔다는 말도 있잖아. 초등 고학년만 되어도 엄마랑 말도 안 하려는 애들 많아. 그때 아이가 대화를 거부한다며 속 끓이고, '난 쟤 포기했어'라고 체념하지 않으려면 지금부터 연습해야 하는 거야. 아이와 대화 하는 법을.

아이는 원래 엄마와 하나의 몸이었고 너무나 작은 존재였기에 엄마는 아이를 이끌고 가르쳐주는 것에 익숙해. 아기 때부터 '안 돼' '하지 마' '위험해' '이렇게 하는 거란다' '이렇게 먹는 거야' 등등을 계속 해오다 보니, 어느 순간부터 아이를 어른처럼 대접해주기 쉽지 않겠지. 명령하는 것에 익숙하니까. 힘들고 짜증나겠지만 지금 아이와 대화하는 것이 앞으로 수십 년 동안의 시간에 훨씬 도움이 될 거야. 우리 멀리 보고 행동하자.

전에 내가 말했던, 아이를 '내 아이'라 생각하지 말고 하늘에서 우리 부부를 믿고 맡겨준 귀한 손님으로 여기자는 말 기억나지?"

사실, 짜증날 땐 어쩔 수 없다. '왜 나만 참고 살아!' 하는 마음이 불쑥불쑥 튀어나온다. 그래도 난 엄마니까, 내 성질대로 살면 내 자식에게 똑같이 대물림해주는 거니까, 혹은 내 아이가 내 성질의 피해자가 되니까, 마음을 고쳐먹는다.

아이가 왜 저럴까 궁금해도 해보고, 물어도 보고, 말이 안 통하면 "네가 그래서 엄마는 이래"라고 내 마음을 열심히 설명해봐야지. 미국 명문가에선 식사할 때 그렇게 토론을 한다는데, 부러워만 하지 말고 나부터 아이를 나와 동등한 인격체로 생각하고, 설명하고 이야기를 나누며 존중해야겠다. 그래야 어디서든 귀하게 대접받는 아이가 될 테니까.

부끄러운 엄마라
느낄 때

내 안에 존재하는 '화'가 부모님으로부터 물려받은 것이라고 느껴진
다면 가만히 부모님 입장을 생각해보세요. 당신이 좋든 싫든 간에 부
모님으로부터 그러한 성격을 물려받았듯 당신의 부모 역시 어린 시
절 누군가로부터 그러한 성격을 '어쩔 수 없이' 물려받은 희생자라는
사실을 알게 됩니다.

마찬가지로 부모님에게 성격을 물려준 조상들 역시 그 시절의 어쩔
수 없는 상황들 때문에 그렇게 될 수밖에 없었던 희생자라고 생각해
볼 수 있습니다. 이런 사실들을 떠올리면 누구를 탓할 것도 없고 무
엇이 직접적인 원인이라고 생각할 것도 없습니다.

시작이 반이라는 말이 있죠? 마찬가지로 문제가 뭔지 알았다는 말은
이미 문제의 절반을 풀었다는 것입니다. 마라톤으로 치면 이미 20킬
로미터를 뛰어온 것이지요. 세상에는 출발점에 서보지도 못하고 죽
는 사람들이 태반입니다. 이렇게 당신이 스스로 문제점을 알아차릴

수 있는 통찰력을 갖게 된 것도 결국은 당신의 부모님 덕분임을 인식하고 감사해야 할 것입니다.

이제부터는 문제의 나머지 절반을 풀기 위한 방법입니다. 매 순간 자신의 감정을 알아차리는 연습을 하세요. 예를 들어 아이에게 화가 나서 손이 올라가려 하면 그 순간 자신이 화가 났음을 알아차리세요. 그러고 나서 손을 올려도 전혀 늦지 않습니다. 처음에는 이미 일을 저질러놓은 다음에 '아차' 하고 후회하는 일이 많겠지만, 꾸준히 연습하면 점점 알아차리는 타이밍이 빨라질 것입니다.

"앗. 내가 또 아이를 때리고 말았네. 왜 그랬을까!" 하는 후회에서 시작해 "아 진짜 화가 난다. 이걸 혼내줘야 하나!" 하며 째려보기만 하는 시간을 거쳐 "화가 나는구나. 이 화는 왜 나는 걸까? 왜 나는 이런 상황에서 참는 게 어려운 걸까?"라면서 마침내 자신을 바라볼 수 있게 됩니다. 시간이 걸리겠지만 이는 수영이나 자동차 운전처럼 시간을 들여 연습하면 누구나 할 수 있는 일입니다.

마지막은 가장 당부하고 싶은 점입니다. 당신의 아이는 (당신이 어린 시절 받았던) 당신의 상처를 치유해주기 위해 하늘에서 내려온 천사라는 사실을 잊지 마세요. 그러므로 기본적으로 아이를 '나보다 훨씬 훌륭하고 현명한 귀한 손님'으로 대해야 할 것입니다.

화가 났더라도 '귀한 손님'에게 화가 났을 때처럼 행동하고 이미 과도

하게 화를 낸 후라면 '귀한 손님'에게 사과하듯이 진심 어린 사과를

해야 합니다.

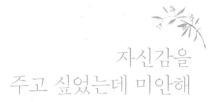

자신감을
주고 싶었는데 미안해

다섯 살 달님이는 한복 마니아다. 한복을 입으면 길고 넓게 퍼지는 치마 덕분에 공주가 된 기분이라서 그런 것 같다. 한복을 입었을 때는 걸음도 나긋나긋 사뿐사뿐 걷는다. 그리고 "엄마, 나는 한복이 제일 좋아요" 하고 말한다. 이렇게 한복사랑이 유난하더니 요새는 아예 하원하고 집으로 돌아오면 무조건 한복으로 갈아입는다.

지금까지는 저고리 고름이 고정된 채 똑딱단추만 채우면 되는 한복을 입었기에 혼자 입고 벗는 데 어려움이 없었다. 그런데 얼마 전에 물려받은 한복은 완전 전통한복. 고름을 손으로 직접 매야 하는 한복이었다.

처음에는 이 고름을 달님이가 한복을 입겠다고 할 때마다 열심히 매줬다. 그런데 잠시도 가만히 있지 않는 다섯 살 여자아이의 한복고름은 핀으로 고정을 해놓아도 계속 문제가 생겼고, 그러면 아이는 끝없이 다시 매어달라고 졸라댔다. 결국 나의 인내심은 시험대에 올랐다.

노력을 강요하고 말았다

달님이에게 한복 고름 매는 법을 전수시키기로 했다. "엄마는 달님이 한복 고름을 계속 매줄 수 없어. 그러니까 달님이가 한복을 입고 싶으면 스스로 고름을 맬 줄 알아야 해" 하면서 매줄 때마다 열심히, 자세히, 천천히 어떻게 고름을 매는지 알려주고 연습시켰다.

"달님아, 노력하면 안 되는 건 없어. 달님이가 연습 많이 하면 맬 수 있을 거야."

내 말을 듣고 달님이는 진짜 최선을 다해 이리 꼬고 저리 꼬아가며 "엄마 이렇게 하면 돼요? 이게 맞아요?" 하며 한복 고름 매는 것을 연습했다. 하지만 계속 잘 안 되었고 고름이 풀어질 때마다 누구한테 한대 얻어맞은 양 엉엉 울면서 꼭 다시 매달라고 했다.

이런 일 가지고 울먹일 애가 아닌데 고름만 풀어지면 대성통곡하며 나에게 오는 달님. 그런 달님이가 이해도 안 되고 슬슬 짜증이 났던 것도 사실이다.

나는 "달님아. 왜 그렇게 울어. 자, 천천히 잘 봐봐. 이건 이렇게 하는 거야. 이렇게 하니까 되잖아"를 반복했다. 하지만 고름이 풀어질 때마다 꺼이꺼이 울며 나에게 다시 달려오던 달님이는 결국 "엄마. 이 한복 때문에 나 너무 힘들어. 안 입을래" 하고 집에서 한복 입는 것을 포기했다. 집에서 한복치레를 하는 것이 탐탁지 않았던 데다 고름 매기에 지칠 대로 지친 나는 달님이가 스스로 입을 수 있을 때 꺼내 입는 게 좋겠다는 생각에 달님이의 결정을 내심 환영했다.

그게 한 석 달 전 일이다. 그리고 며칠 전. 옷장을 정리하다 다시 그 한복을 발견한 달님. 다시 한복을 입겠다고 한다.

"그래, 달님아. 입고 싶으면 입어. 하지만 엄마는 고름을 매줄 수 없는데 네가 할 수 있겠니?"

엄마가 고름 매는 모습을 열심히 보더니 또다시 구석에 앉아 이리저리 해보며 연습하는 달님. 달님이는 정말 노력파다. "엄마. 노력하고 연습 많이 하면 다 되지요?"라고 물으며 글씨 쓰기도, 자전거 타기도, 율동도, 노래도 항상 열심히 연습한다. 그리고 결국 잘 해내고 기뻐한다.

그런데 이상하게 고름 매기는 잘 안 되었다. 수십 번 설명해주어도 달님이는 따라 하지 못했다. 나중엔 내가 설명할 때 집중조차 하지 못했다. 아니, 내가 설명을 하면 일부러 눈을 다른 곳으로 돌리는 느낌이 들 정도였다.

할 수 있다는 말이 짐이 될 줄이야

저녁 먹을 준비가 되고 가족들이 모였을 때 역시나 달님이가 울먹이며 자꾸 고름이 풀어진다고, 아무리 연습해도 잘 안 매어진다고 눈물을 뚝뚝 흘리며 나에게 왔다. 나는 고름을 매주며 "달님아, 잘 봐! 네가 집중을 안 하니까 잘 못 배우는 거야. 달님! 딴 데 보지 말고 엄마 하는 거 잘 보라니까! 노력하면 할 수 있는데 왜 자꾸 못 한다고 그래?" 하며 고름 매는 법을 또 알려주고 있었다. 그때 옆에서 그런 나와 달님이를 보다 못한 남편이 끼어들었다.

"당신이 지금 달님이한테 어떤 일을 저지르고 있는지 알아?"

"응? 뭐가?"

"달님이가 분명히 자신은 못 하겠다고, 아무리 연습해도 안 된다고 하는데 왜 당신은 자꾸 '네가 할 수 있는 거야!'라고 말을 하지?"

"아니, 그거야…. 달님이가 노력하면 할 수 있을 것 같은데 노력을 안 하고 가르쳐줄 때도 집중하지 않으니까 하는 소리지. 애가 모형 조립하고 이런 것도 얼마나 잘 하는데 리본 하나 못 묶겠어? 가르쳐줄 때 꼭 딴 데 시선을 두기도 하고 잘 안 보는 것 같아서 그래."

"여보. 당신도 달님이가 얼마나 한복을 입고 싶어 하는지 알잖아. 그리고 애가 얼마나 꼼지락거리며 연습을 했으면 고름이며 치마 묶는 줄이 다 이렇게 꼬깃꼬깃해졌겠어. 당신은 달님이가 할 수 있을 거라 '추측'한 거잖아. 그건 당신의 추측이고 '기대'일 뿐이야. 실제로 달님이는 할 수 없는지도 몰라.

그런 사실을 당신은 받아들이지 않고 계속 당신 생각에 맞춰 달님이가 해내기를 '강요'하고 있는 것일 수도 있어. 이렇게 되면 아이는 '엄마가 분명 나는 할 수 있다고 하는데 왜 안 되지?' '할 수 있어야 하는데 왜 못하는 걸까?'라고 생각하며 '자책'하게 되고 '자기비하'를 하게 돼.

당신이 아이에게 '자신감'을 심어주기 위해 '넌 할 수 있어!' '노력하면 돼!'라고 한 말이 아이에겐 오히려 자책과 자기비하의 시작점이 될 수 있다는 거야.

달님이 봐봐. 평소 그렇게 씩씩한 애가 고름 하나 안 매진다고 왜 저렇게 서러워하겠어. 엄마가 분명히 노력하면 된다고 했는데 아무리 노력해도 안 되니까 속상하고, 그런 자기 자신이 한심하고, 또 엄마한테 계속 고름 매달라고 부탁하는 게 구차하게 느껴지고. 그래서 저렇게 우는 거잖아. 그런데 당신은 계속 할 수 있다고, 왜 노력을 안 하냐고 하고 있으니 아이 마음이 어떻겠어.

노력하면 된다는 사실을 아이는 돌도 되기 전부터 몸으로 이미 알고 있어. 수백 번 시도해 뒤집고 기고, 수도 없이 넘어지며 걷게 되고. 우리가 생각하는 것보다 아이는 현명하다고.

하지만 노력해도 안 되는 상황에서 아이에게 계속 노력만을 강요하면, 그것이 잘 되지 않을 때 아이는 이루지 못한 성과에 대해 자책과 자기비하를 느끼고 결국엔 자포자기하게 되는 거야. 노력하는 아이로 키우고 싶으면 말로 노력하면 된다고 할 필요 없어. 당신이, 그리고 내가 평소에 노력해서 성취하는 모습을 보여주면 되는 거야. 아이가 스스로 노력해서 성취하면 '포기하지 않고 끝까지 열심히 한 네가 자랑스럽다'라고 말해주면 되는 것이고."

잘 하지 못할까 봐

생각해보니 그렇게 씩씩하던 달님이가 언제인가부터 하던 일이 뜻대로 안 되면 "앙~" 하고 울음보를 터뜨렸다. 큰일이라도 난

줄 알고 달려가 보면 정말 별거 아닌 일이었다. 그럴 때면 "으이 그. 쫌만 이렇게 하면 될걸. 할 수 있는데 왜 못 했어. 좀 더 해보 지" 하며 상황을 해결해주곤 했다. 엄마가 하는 걸 보면 너무 쉬운 데 자기는 아무리 노력해봐도 잘 안 되니까 마음이 얼마나 답답하 고 좌절이 느껴졌을까. 하다 하다 안 되어서 결국 엄마에게 도움 을 요청했을 때 "넌 왜 노력을 안 하니?"라고 한 말은 확인사살이 나 다름없는 것이었을 테다.

너무나 당연한 것을 잊었다. 겨우 다섯 살 어린아이의 손인 것 을. 그래 봤자 48개월 아이의 지능인 것을. 첫째 아이라서 그런지 영리하고 야무진 모습이 그 아이의 전부인 양, 모든 면이 그래야 한다고 생각한 바보 같은 엄마였다. 그러면서 나름대로 자신감을 심어주겠다며 아이의 흔들리는 눈빛은 보지 않은 채 무지막지한 말을 쏟아냈다.

"노력하면 다 돼."

"넌 할 수 있는 아이야. 용기를 내!"

그게 지금까지 얼마나 달님이를 옥죄었을지. 그것이 달님이로 하여금 '난 정답을 말할 수 있어야 해' '난 처음 해보는 것도 엄마 처럼 잘 해낼 수 있어야 해'라는 부담을 갖게 하고, 잘 되지 않으면 울음이 터질 수밖에 없게 만들었던 것인지도 모른다.

눈빛을 봐야 했다. 눈빛을 봤으면 정말 조금만 노력하면 될 일을 귀찮아서 나에게 부탁하는 것인지, 정말로 못 하겠어서 부탁하는 것인지를 알 수 있었을 텐데. 난 내 아이가 노력하지 않는 아이가 될까 봐 정작 아이를 보지 않고 있었던 것이다.

요즘 들어 뭔가를 물어봤을 때, 답을 모르면 모른다 말을 못 하고 딴청 피우던 달님. 자기가 보기에 조금만 어려워 보이면 시도조차 하지 않고 도망가던 달님. 그런 달님이를 보면서 '왜 저럴까? 왜 완벽주의 성향이 생겼을까? 잘 안 돼도 시도해보면 좋을 걸, 노력해보면 될 텐데' 하고 안타까워했었는데. "엄마. 틀려도 되죠? 못해도 되죠?" 이렇게 묻곤 했던 달님이가 어떤 마음이었는지 오늘에서야 깨닫게 되었다.

지금 바로 달님이에게 사과하지 않으면 달님이의 마음속에 자리 잡은 자책과 자기비하가 점점 단단해질 것이라는 남편의 말에 달님이를 꼭 안아주며 말했다.

"달님아. 엄마가 미안해. 엄마가 잘못 알고 있었어. 이 한복고름 매는 거는 다섯 살 어린이는 잘 못 하는 일이야. 열 살 언니가 되어도 잘 할 수 있을까 말까 한 어려운 일이래. 그니까 지금 달님이가 고름을 못 매는 건 당연한 일인 거야. 속상해하지 말고 고름을 매고 싶으면 엄마한테 와서 매달라고 해. 알았지?"

그러자 달님이는 "엄마. 나 그러면 이 한복 열 살 언니 되면 입을게요" 하며 힘없이 한복을 벗어놓았다.

조용히 그 모습을 바라보던 남편이 나의 어깨에 손을 얹고 말하였다. "마음이 아프지? 나도 그래…. 이제 와서 말 한마디로 달님이가 잃어버린 자신감을 되찾게 할 수는 없을 거야. 하지만 너무 실망할 필요는 없어. 지금은 비록 의기소침한 마음에 달님이가 한복 입기를 포기했지만 시간이 지나 다쳤던 마음이 어느 정도 회복되면 분명 다시 예쁘게 한복을 입고 싶은 욕구가 올라올 테니까. 그럼 그때 정신 차리고 도와주면 돼. 달님이가 옷고름을 잘 매면 잘 매는 대로 함께 기뻐해주고, 못 매면 못 매는 대로 속상한 마음을 함께해주고. 그럼 달님이도 더 이상 '잘 해야 한다'라는 강박에서 벗어나 노력 그 자체를 즐길 수 있는 아이로 자라게 될 거야."

지금 모습 그대로를
인정해주기

공부 못하는 아이의 엄마들 중에는 이런 말을 하는 사람들이 있습니다.

'우리 애는 머리는 좋은데 노력을 안 해서요.'

'우리 애는 머리는 좋은데 친구를 잘못 만나서요.'

하지만 그 아이가 공부를 못하는 이유는, 그 엄마가 아이를 '그렇게'

생각하기 때문입니다. 엄마의 생각은 아이에게 그대로 전해집니다.

그리고 그 생각을 전달받은 아이는 혼란스러워집니다.

'엄마 말을 들어보면 난 분명 머리가 좋아. 그런데 왜 공부를 못하

지?' '머리가 좋은데도 공부를 못하는 걸 보면 난 천성적으로 노력을

하지 않는 게으름뱅이인가 봐.' 이런 식으로 자기비하에 빠지게 되고 더 나아가서 '만약 내가 노력을 했는데도 성적이 잘 안 나오면 그땐 어떻게 하지? 그럴 바에야 차라리 아예 아무 노력도 하지 않는 편이 더 낫지 않을까?'라는 생각을 무의식적으로 갖게 됩니다. 그렇게 점점 더 노력을 하지 않는 아이가 될 수도 있습니다.

노력하는 것도 능력입니다. 흔히 말하는 지능도 노력을 포함한 이야기이지요. 그 능력은 나이가 들고 경험이 쌓이면서 더 성장합니다.

'넌 머리는 좋은데' '넌 할 수 있는 앤데'라는 말로 아이의 능력을 결정짓지 마세요. 지금 아이가 보여주는 모습이 지금 그 아이의 능력입니다. 그 능력이 나중에 어떻게 변해갈지는 아무도 모르기 때문에 기대도 불안도 가질 필요는 없습니다. 엄마가 기대하면 아이는 엄마의 기대를 충족시키지 못할까 봐 불안해지고, 그 기대에 부응하지 못하는 자신을 책망하고 미워하게 됩니다.

아이를 있는 그대로 봐주세요. 있는 그대로 받아들이고 인정해주고 수긍해주세요. 엄마의 욕심으로 아이에게 맞지도 않는 옷을 입혀 놓으면 아이는 평생 그 옷에 갇혀 힘겨운 삶을 살게 될 것입니다.

엄마의 기대와
아이의 가짜 자아

남편이 물었다.

"'우리 달님이는 워낙 손재주가 좋으니까 옷고름도 충분히 혼자 맬 수 있을 거야.' 이 말은 칭찬일까?"

"손재주가 좋다는 거니까 칭찬 아니야?"

"그래. 그럼 격려는 뭐라고 생각해?"

"글쎄, 칭찬은 잘한 걸 잘했다고 하는 것이고, 격려는 앞으로 더 잘할 수 있다고 용기를 주는 것? 당신은 어떻게 생각하는데?"

"여보. 난 말이야, 칭찬이란 아이가 바람직한 행동을 했을 때 그 것을 그대로 인정해주는 거라고 생각해. 가령 '우리 달님이가 혼자 서 방 정리를 깨끗하게 했구나'라고 말하면 칭찬이야. 하지만 '우리 달님이는 성격이 깔끔하니까 혼자 방 정리도 잘 할 수 있을 거야!' 하는 말은? 어떻게 보면 이건 엄마가 아이에게 무언가 더 나은 모습을 기대하고 있다고 '선언'하는 거야. 그래서 격려를 할 때에는 조심해서 해야 해. 자칫 아이에게 '기대'라는 무거운 짐을 지게 할 수 있기 때문이야."

"아이가 자신감을 갖기를 바라는 마음으로 한 말이 자칫 아이에게는 무거운 짐이 될 수 있다고?"

"그래, 맞아. 방금 당신 '바라는 마음'이라고 했잖아. 엄마 입장에서 아이가 잘되기를 바라는 마음을 갖는 건 당연해. 하지만 그것은 엄마의 마음속에서만 간직해야지 간접적으로라도 아이에게 드러내면 안 돼.

아이에게 엄마는 너무나도 중요한 사람이기 때문에 잘못하면 엄마의 작은 기대가 아이에게 무거운 짐이 되어 오히려 자신감을 잃게 만들 수가 있어."

엄마가 건 최면

아이들에게 생각지 못하게 내 기대를 주입시킨 일들이 머릿속에서 스쳐 지나갔다. 아뿔싸 하는 감정을 느끼는 한편, 남편과의 대화는 계속됐다.

"큰 시험이 끝나고 나면 간혹 시험을 망쳤다는 이유로 목숨을 끊은 학생들의 뉴스를 본 적이 있지?"

"응, 근데 대부분 꽤 공부를 하던 학생들이어서 이상했던 기억이 나."

"그래, 당신 말대로 그들은 실제로 상위권의 학생들인 경우가 대부분이야. 왜 그럴까?"

"속사정은 모르겠지만 내 입장에서는 '저 정도면 괜찮은 성적인데 왜 자살을 하지?'라는 생각이 들었어. 심지어는 남들이 다 부러워하는 명문대생이 학점이 낮게 나왔다는 이유로 그런 선택을 하는 경우도 있더라고. 예쁜 연예인 자살했다는 뉴스 들을 때도 난 너무 안타까워. 저 미모와 명성을 놔두고 왜 자살을 할까 싶었어. 왜 그랬을까? 그냥 너무 자존심이 세서? 온실 속의 화초처럼 약하게 자라서? 실패와 좌절을 견뎌내기에 마음이 너무 여려서? 어떤 면에서는 대단한 용기란 생각도 들어. 하지만 죽을 용기로 살라는 말도 있잖아. 저렇게 죽을 용기가 있으면 다시 뭔가 해보지, 왜 죽음을 택했을까 의아했지."

"그 사람들이 그렇게 가슴 아픈 선택을 한 이유는 제 각각 다를 테니 뭐라고 단정 지어 말할 수는 없을 거야. 백이면 백, 천이면 천 가지의 전혀 다른 이유들이 있을 테니까. 그런데 그중에 한 가지라도 이런 가능성도 있을 수 있지 않을까 생각해봤어.

아이는 아직 정체성이 형성되지 않았기 때문에 자신이 어떤 사람인지를 잘 몰라. 그런 상태에서 엄마의 욕심과 기대가 만들어낸 이상적인 아이의 이미지는 컴퓨터 파일을 복사하듯 아이의 마음속에 그대로 전송이 돼. 그러면 아이는 실제 자기가 아니라 엄마가 만들어낸 허상 속의 '훌륭한 아이'를 자신의 진짜 모습이라고 믿고 살게 되는 거지.

뚱뚱한 몸매 때문에 고민인 여자가 살을 빼고 싶어서 최면술사를 찾아갔어. 최면술사는 강력한 최면을 걸어서 '너는 평생 44사이즈만 입어야 하는 날씬한 몸매를 갖게 되었다!'라고 믿게 했지. 그다음에는 어떻게 될까?

그 후 여자는 쇼핑을 가서 당연한 듯 44사이즈의 옷만 골랐을 거야. 최면에 걸려 거울 속 자신의 모습이 날씬하게 보이니까. 하지만 문제는 그다음부터야. 자신에게 맞지도 않는 작은 옷만 사다 보니 입지도 못할 옷이 옷장에 쌓이고, 억지로 끼워 입더라도 행여나 옷이 뜯어질까 봐 움직이지도 못하면서 노심초사하며 살아가. 그래도 옷장에 걸어놓은 저 작은 옷이 아니면 안 입겠다고 하지. 하지만 어쩌다 외출을 하려 해도 정말로 입을 수 있는 옷이 없으니 결국엔 집 안에만 갇혀 살아야 하지 않을까?

아이의 경우에도 마찬가지야. 아이는 태어난 뒤 얼마의 시간이 지나야만 '나'와 '남'을 구분하게 돼. 더 시간이 흐르면 '엄마'와 '엄마가 아닌 사람'을 구분하며 낯가림을 하기도 하지. 하지만 그 후에 '나는 어떤 사람이다'라는 개념이 형성되기까지는 꽤 오랜 시간이 걸려. 아무리 빨라도 사춘기는 지나야 해. 그때까지는 주변 사람들이 말해주는 것을 '나'라고 믿고 살아갈 수밖에 없어. 마치 거울에 비친 자기 모습을 통해 자신이 어떻게 생겼는지 알 수 있는 것처럼 말이야.

그런데 그 거울이 놀이동산 '거울의 방'에 있는 거울들처럼 왜곡되어 있고 선글라스마냥 색깔이 들어가 있으면 어떻게 될까? 오목 거울에 자신을 비춰본 아이는 자기가 실제보다 키가 크고 늘씬하다고 믿게 되고, 볼록 거울에 자신을 비춰본 아이는 반대로 자신이 뚱뚱하고 땅딸막하다고 믿게 되겠지. 이렇게 되면 둘 다 자기들의 진짜 모습이 아니라는 점에서 문제를 일으킬 수밖에 없어. 실제로는 평범한 몸매인 아이가 자신을 땅딸막하다고 믿게 되면 필요 없는 열등감에 휩싸여서 불행해지겠지. 반대로 자신을 늘씬하다고 믿었던 평범한 몸매의 아이는 자신의 진짜 모습을 발견하게 되면 충격을 받고 좌절의 나락으로 떨어지게 될 수도 있어.

다시 말하면, 아이는 아직 '나'가 누구인지 몰라. 그래서 사춘기 이전에는 '엄마가 만들어준 나'를 '진짜 나'라고 믿고 살아가는 거야. 이 시기에 엄마가 나름대로 격려를 한답시고 자신의 기대나 욕심을 담아 아이에게 '너는 이런 사람이다'라고 말하면 아이는 평생 풀 수 없는 최면에 걸리고 마는 거야.

'넌 워낙 똑똑해서 서울대 정도는 충분히 갈 수 있을 거야.'
'진짜 천재데? 어떻게 그걸 알았어?'
'너 머리가 정말 좋구나! 이걸 다 기억해내다니 말이야!'
'아니, 너같이 똑똑한 애가 왜 이런 걸 틀려. 이건 네가 노력을 안 한 거야.'
'이건 네가 충분히 할 수 있는 거야. 너라면 충분히 해낼 수 있어!'

평범한 머리를 가진 아이가 최면에 걸려 엄마가 말하는 사람이 진짜 자신이라 믿어버리면, 그 이미지에 맞추기 위해 온 힘을 쥐어짜며 살게 되는 거지. 잘못했다가는 사랑하는 엄마가 만들어준 '훌륭한 나'라는 존재와 어긋날 수 있으니까. 본래의 '나'는 무시하고 억누르며, 엄마가 만들어준 '훌륭한 나'로 살려고 노력해.
왜냐하면 가장 중요한 사실을 엄마가 얘기해주지 않았거든. 그냥 원래의 평범한 '나'도 충분히 아름답고 옳다는 사실 말이야."

아이에게 '가짜 나'를 심어준 건 아닐까?

남편은 이야기를 계속 했다.

"그렇게 힘겹게 '훌륭한 나'를 지켜가던 아이가 어느 날 시험을 망쳤어. 마치 최면에 걸린 뚱뚱한 여자가 억지로 입은 작은 옷이 뜯어진 것을 알게 된 것처럼, 그렇게도 두려워하던 '본래의 평범한 나'를 맞닥뜨리게 된 거지. 아이는 혼란스러워져. '훌륭하고 똑똑한' 내가 이렇게 열심히 했는데 왜 결과가 이러지? 그리고 다시 노력해. '원래의 훌륭한 나' '똑똑한 나' '1등하는 나'를 되찾기 위해. 하지만 그렇게 했는데도 잘 안 되면 진짜 좌절하겠지.

그런 아이에게 시험을 망쳤다는 것은 단순히 성적과 관련한 문제가 아니야. 힘겹게 지켜온, 엄마에게 사랑받는 이유인 '(그렇게 되어야만 하는) 나'를 포기해야 하는 상황이 된 것이지. 그동안 '훌륭한 나'를 지키기 위해 아이가 기울여온 필사적인 노력을 생각해봐. 무언가를 지키려고 큰 노력을 들였던 만큼이나 그것을 되찾기 위해 물불을 가리지 않는 건 당연하다고 생각해.

외모가 가장 중요한 가치라 여기며 미모로 생계를 유지하던 미인이 어느 날 갑자기 화재로 전신에 화상을 입고 괴로워하다가 자살을 택한 것과 유사한 사례라고 한다면 이해가 갈까?"

남편의 말을 듣고 생각해봤다. 어른들이 자기 욕심으로 던진 기대의 말에 과도하게 짓눌려 살아온 아이라면, 또 어른들이 만들어준 '가짜 나'를 자신의 본 모습이라 믿고 그 모습으로 남기 위해 처절하게 몸부림쳤던 아이라면 잘못해서 성적이 떨어졌을 때 얼마나 큰 좌절감을 느낄까? 그렇게 생각하면 극단적인 선택을 할 수밖에 없었던 사람들이 느꼈을 깊은 좌절감을 조금은 이해할 수 있을 것 같다.

어른의 책임

앞에서 말했듯이, 성적이 떨어져서 극단적인 선택을 한 아이들에게
는 수없이 다양한 이유들이 있을 것입니다. 그중에는, 아이가 자신의
본 모습을 알 수 있도록 부모는 최선을 다해 바른 거울 역할을 해주
었지만, 주변 환경이 워낙 어렵다 보니 아이가 오직 성적으로 자신의
가치를 찾으려 시도한 경우도 있을 겁니다. 그런 경우라면 성적 위주
로 아이를 평가하는 이 사회 전체의 분위기에 책임을 물어야겠지요.
앞에서 이야기한 사례는 '부모가 아이에게 거는 무의식적인 기대는
아이에게 안 좋은 영향을 미칠 수 있다'는 것을 설명하기 위해 든 하
나의 예일 뿐이지 성적을 비관하여 목숨을 끊은 아이들이 모두 부모
의 과도한 기대 때문에 그런 선택을 한 것은 결코 아니라는 사실을
분명히 하고 싶습니다.

어떤 이유로든, 자라나는 청소년들에게 그런 극단적인 선택을 할 수 밖에 없도록 만든 이 사회에 살고 있는 한 사람의 어른으로서 뼈아픈 책임감을 느낍니다. 너무 일찍 세상을 떠나버린 아이들과 그들의 부모님들에게 깊은 애도의 뜻을 표합니다.

아이를 애정거지로
키운 건 아닐까?

    달님이가 다섯 살이던 해 9월에 우리 집이 이사를 하게 되어 달님이가 새로운 유치원에 가게 되었다. 새로운 유치원으로 등원하고 며칠이 지난 뒤 달님이는 나에게 말했다.

    "엄마. 난 윤서랑 효진이랑 놀고 싶은데 그 친구들이 날 끼워주지 않아. 너무 속상해."

    가슴이 내려앉았다. 이사 오기 전 다녔던 집 앞 작은 어린이집에서는 한 반에 아이들이 대여섯 명밖에 되지 않아 모든 아이들이 선생님의 보살핌 안에서 무리 없이 어울릴 수 있었다. 그런데 한 반에 스무 명이 넘는 유치원에 가게 되면서 아이는 스스로 많은 것을 감당해야 하는 상황에 놓이게 된 것이다. 엄마의 관심이나 어른들의 손길이 예전만큼 미치지 못하는 더 큰 '사회'로 들어간 달님이. 그 안에서 처음 만나는 친구들은 지난 반년 동안 이미 끼리끼리 무리가 지어져 있을 터였다. 그 무리 안에서 내 아이가 처음부터 원만하게 어울리기를 바란 것은 엄마의 순진한 바람이었을까?

"그 친구들한테 '나도 같이 놀고 싶어. 함께 놀자'라고 이야기 해봤어?"

"응. 여러 번 이야기했는데 그 친구들이 모른 척해. 내가 너무 키가 작아서 그런가?"

유치원에 가 보니 12월생인 자신이 유난히 작게 느껴졌나? 키가 작아도 늘 당당하길 바랐는데…. 달님이가 그런 이유까지 생각 해가며 친구들과 어울리지 못하는 이유를 추측하는 모습에 가슴이 시렸다.

"달님아. 아직 그 친구들이 달님이 네가 얼마나 재미있고 신나는 친구인지 모르나 봐. 그리고 달님인 새로 온 친구이고, 그 친구들은 오랫동안 함께 놀아서 서로 익숙해서 그런 것이지 달님이가 잘못했거나 못나서 그런 것은 아니야. 달님이가 혼자서도 재미나게 놀고 있으면 친구들도 '와, 너 재미있게 노는구나! 나도 같이 놀자' 하며 같이 놀고 싶어 할 수도 있어. 너무 걱정하지 마."

이렇게 이야기하고 우선은 지나갔다.

애정거지 엄마

그 후로 며칠 동안, 하원 후 유치원에서의 이야기를 조잘거리는 달님이에게서 함께 놀고 싶어 했던 그 친구들과 친해졌다는 이야기를 들을 수는 없었다. 다른 친구들과 사귀어 나름대로 재미나게 노는 것 같긴 했지만 달님이에겐 여전히 그 두 명과 어울리고 싶은 마음이 남아 있었고 그 아이들은 반응하지 않는 것 같았다.

많은 생각이 들었다. '그 친구들을 집으로 초대해볼까?' '여자아이들이 좋아하는 선물이나 과자를 들려 보내 친해질 기회를 만들어볼까?' 그런데 정말 그렇게 하기엔 아이가 너무 어린 것 같았다. 아이가 그런 식으로 사랑을 얻는 데 익숙해지는 것도 두려웠다. 오히려 그런 생각이 잠깐이라도 든 나 자신이 부끄러워졌다. '왜 달님이가 그렇게까지 해서 그 친구들과 친해져야 하는 거지?' '왜 난 아이의 바람을 이런 식으로 해결하려 하는 거지?'

나도 알 수 없는 오락가락하는 마음 한가운데에 서 있던 중, 마침 아버님을 뵐 일이 있어 이 일에 대해 간단하게 말씀드렸다.

"아버님. 달님이가 유치원에서 원하는 친구들과 어울리기 힘든가 봐요. 속상해하는 달님이에게 우선은 달님이가 부족해서 그런 것이 아니라고 말해줬어요. 혼자서도 재미있게 놀면 친구들은 저절로 생긴다고 했고요."

"달님이에게 그런 일이 있었구나. 우선 아이를 다그치거나 친구들의 환심을 사게 하지 않은 것은 정말 잘했다. 보통 엄마들은 자신의 아이가 무리에 끼지 못하고 겉돌면 엄마 본인이 불안한 마음 때문에 아이를 다그치지.

'너도 저기 껴서 놀아봐.' '네가 욕심만 부리니까 친구가 너랑 안 놀려고 하지. 같이 놀려면 양보해야 해.' '그렇게 하면 친구들이 너랑 안 놀려고 할 거야.'

엄마 본인의 불안한 마음을 빨리 해결하려는 마음에 아이를 다그치는 게지. 그런 마음이 밑바탕이 되어 연륜의 노하우(?)를 전수하기도 한다.

'이럴 땐 그 친구들이 좋아하는 과자를 가져가 보자. 같이 먹자고 하면서 놀이에 끼워달라고 해봐.' '엄마가 그 친구 엄마에게 함께 놀자고 전화해볼까?' '그 친구가 예쁜 옷 입고 있으면 칭찬을 먼저 해줘 봐. 기분이 좋아져서 함께 놀자고 할 거야.'

이런 행동들이 바로, '애정거지'인 엄마가 아이도 똑같은 애정거지로 키우는 모습들이란다. 애정거지란 다른 사람들의 애정과 관심을 갈구하고, 그것을 얻지 못하면 불안해하는 사람들을 말한다."

애정거지가 쓰는 방법

애정거지라는 표현만으로도 마음이 뜨끔해졌다. 혹시 내가 애정거지 엄마는 아니었을까? 설마 하는 마음을 가지고 계속해서 아버님 말씀에 귀를 기울였다.

"자신이 불편하지 않다면 상관이 없지만 살면서 다른 사람과의 관계에 끌려다녀서 괴롭다든지, 본인 딴에는 잘 지내보려고 노력한 것이 관계의 악화나 본인의 힘겨움으로 이어진다면 다시 한 번 자신을 돌아볼 필요가 있다. 내가 진정 원하는 것이 무엇인지 말이다. 그러한 과정은 엄마 자신의 인생을 변화시킬 뿐 아니라 결과적으로 아이에게도 영향을 주게 된단다. 사람은 51 대 49여야 한다. 나도 중요하고 타인도 중요하지만 딱 1만큼은 나 자신에게 더 사랑을 기울여야 하는 것이다.

애정거지는 타인으로부터 사랑을 받지 못하면 견딜 수가 없단다. 그래서 자신을 사랑하게 하려고 두 가지 전략을 사용하지. 타인을 억압하거나(채찍형), 자신을 희생하거나(당근형).

엄마가 당근형 애정거지인 경우, 엄마는 아이를 자신의 뜻에 맞추기 위해 아이에게 필요 이상으로 상을 준다. 밥을 다 먹게 하려고 좋아하는 만화영화를 보여주겠다고 하고, 공공장소에서 얌전히 있게 하려고 달콤한 사탕을 입에 물려놓지. 학령기에는 시험

성적을 잘 받아오면 갖고 싶은 것을 사주겠다고, 문제집을 다 풀면 용돈을 주겠다고 유혹을 하지.

이런 엄마에게 양육된 아이들은 엄마와 같은 방식으로 친구를 사귄다. 친해지고 싶은 대상이 있으면 대화로 마음을 나누고 생각을 교류하기보다 달콤한 말과 물질적인 것들을 먼저 들이밀며 자기 뜻대로 이끌려고 하는 거야.

반대로 채찍형 엄마는 '말 안 들으면 밥 안 준다', '이렇게 어지르면 혼낼 줄 알아' 하는 식으로 아이를 협박하고 겁먹게 하여 엄마 말을 듣게 하고 학령기엔 '너 이런 식으로 하면 대학 못 간다', '거지처럼 살아야 한다' 등의 말로 아이에게 두려움을 심어놓는단다. 그리고 자신이 심어놓은 두려움을 이용해 아이를 조종하려고 하지. 이때도 아이는 엄마와의 관계에서 몸에 익힌 방법을 사회에서도 그대로 사용한다. 친구를 트집 잡고 못살게 굴어 관심을 끌려 하고 왕따를 시키거나 뒤에서 험담하여 자기에게 꼼짝 못하게 만들기도 하지. 혹은 반대로 겁을 주는 엄마에게 굴종하듯 무조건 친구의 말을 따르며 놀이에 끼워달라고 애걸하는 모습으로 반영된단다.

사실 아이를 키울 때 가장 쉬운 방법이 당근과 채찍을 쓰는 것이란다. 그럼 내 뜻대로, 내 맘대로 아이를 쉽게 조종할 수 있지. 그래서 많은 부모들이 아이를 제 뜻대로 움직이게 하려고, 자신에게 매달리게 하려고 당근이나 채찍을 쓴단다. '너를 사랑해서 그렇다', '다 네가 잘되라고 이러는 거야'라는 단서를 붙이며 말이다.

하지만 며늘아. 당근과 채찍을 언제 쓰니? 말 그대로 당근과 채찍은 말을 훈련할 때, 노예를 부릴 때 쓰는 것이란다. 당근과 채찍에는 이끄는 사람의 의지만 담겨 있지, 부려지는 자의 의지는 존재하지 않는다. 당근과 채찍에 익숙해진 사람은 '자신'을 잃어버리게 된단다. 채찍에 쫓기고, 당근에 침을 흘리며 따라가다 보면 나 자신이 무엇을 원하고 내 마음은 어떤지를 들여다볼 기회가 없어지는 것이다.

아이들이 부모의 뜻을 따르지 않아 속상한 경우를 예로 들어 보자. 추운 겨울날, 아이가 불편하다면서 옷을 따뜻하게 입지 않으려고 한다. 그러면 엄마는 보통 '네가 옷을 더 입으면 뭘 해주겠다'는 식으로 당근을 던지거나 반대로 벌을 주겠다고 윽박질러서 옷을 입게 만들지. 하지만 그럴 때 이렇게 말해보는 거다. '옷을 안 입으면 날씨가 추워서 감기에 걸릴 수 있고, 네가 감기에 걸려서 아프면 엄마가 네 모습을 보는 것도 마음이 아프고, 너를 간호하는 것도 힘들단다. 그래서 엄마는 네가 감기에 걸릴까 봐 걱정이 돼.'

이렇게 이야기했을 때 아이에게 엄마의 마음이 받아들여지고 아이 스스로도 그렇게 하는 게 옳다는 생각이 들면 옷을 입겠지.

그런데도 계속 옷 입기를 거부하면 아이의 눈을 보고 '너는 왜 옷을 안 입고 싶니?' 하고 부드럽게 물어보는 거다.

아이는 무언가 자신이 생각하는 이유를 대답하겠지. 대답하는 아이를 존중해주렴. 아이도 의견이 있고 생각이 있음을 받아들이고 그것을 있는 그대로 보아야 한다. 그것이 '존중'이다. 아이의 말에 '그래, 정 네 마음이 그렇다면 네가 원하는 대로 해도 좋아. 그렇지만 추워서 고생하게 되는 것은 네가 감당해야 하니 마음을 단단히 먹으렴'이라고 대답하면 마무리가 될 것이다. 이때는 화난 목소리가 아니라 '너의 의견을 존중해줄게'라는 메시지가 담긴 목소리로 말해야 한다.

보통 엄마들은 나중에 아이가 춥다고 떨며 울거나, 감기에 걸리면 '왜 그때 엄마 말을 안 들어서' 하며 과거를 들추어 혼을 내거나 '거봐, 엄마 말 안 들으니 이렇게 되지 않았니' 하며 엄마 뜻을 따를 것을 강조한다. 하지만 이럴 필요가 없다. 아이는 이미 자신의 몸을 통해 그 결과를 스스로 충분히 느끼고 있기 때문이다.

'추울 때 옷을 두껍게 입지 않았더니 이렇게 고생하는구나. 엄마도 네가 추워하는 모습을 보니 마음이 아프다.' 따뜻한 감정으로 지금 일어나고 있는 상황을 이야기해주는 정도의 역할만 하면 된다. 그리고 웬만큼 아이가 몸으로 느꼈다고 생각되면 상황에 맞추어 추위를 피할 수 있도록 엄마로서 도와주어야겠지. 아이 스스로 자신이 결정한 행동으로 인해 겪게 된 손해를 느끼는 것이 앞으로의 행동을 수정하는 데 백 마디 말보다 도움이 된단다."

있는 그대로의 내 아이

아버님 말씀이 맞다는 생각은 들었지만, 그래도 엄마로서는 아이를 보호해주고 싶고 아이가 고생을 덜하면서 편안하게 지낼 수 있게 도와주고 싶은 마음이 컸다. 그렇기 때문에 머리로는 알아도 실천하기가 힘든 일이었다. 이 점을 아버님께 말씀드렸더니 이런 말씀을 해주셨다.

"당장은 그럴 수 있지. 하지만 그것은 아이의 자생력을 키워주는 데에는 도움이 되지 않는단다. 겪어보지 않으면 알 수 없는 것들이 세상에 많이 있단다. 중요한 것은 '아이를 있는 그대로 보는 것'이란다. 아이를 있는 그대로 볼 수 있는 엄마가 아이를 가장 건강하게 키운단다. 우리는 자꾸 우리의 경험에 맞추어 아이를 그 안에 집어넣으려고 하지. 공부를 잘해 명문 대학에 가서 전문직을 갖게 하려는 마음에 어릴 때부터 학습지와 영어 공부를 시키고 큰돈을 들여 유명 학원에 보낸다. 부모의 마음속에 아이의 미래를 그리고 그 설계도에 맞춰 아이를 키우기 위해 당근도 쓰고 채찍도

쓴다. 아이가 자신이 진정으로 좋아하는 것이 무엇인지, 하고 싶은 것이 무엇인지 스스로 깨칠 기회와 여유를 주지 않고, 부모가 짠 계획에 맞춰 해야 할 일을 정해주고 그렇게 해야만 한다고 강요하지.

하지만 이렇게 키워지는 아이가 자신이 진정 원하는 것이 무엇인지, 자신의 마음이 어떤 상태인지 들여다볼 수 있을까? 싹을 틔우는 방법은 씨앗이 가장 잘 알고 있듯이 답은 항상 아이 스스로 가지고 있다. 엄마의 포용력과 관찰력 수준이 높을수록 아이도 그만큼 수준 있게 큰단다. 시시각각 변하는 아이의 모습을 예민하게 관찰하면서 적절하게 반응하는 것, 엄마의 욕심을 버리고 아이의 마음을 포용하며 키우는 것은 엄마가 미리 그려놓은 설계도에 아이를 끼워 맞추어 키우는 것보다 몇 배는 더 힘든 일이다. 기다려주고 인내하고 많은 시간을 들여 아이를 바라봐주어야 하는 것이지.

정해진 설계도 없이 아이를 있는 그대로 바라보기 위해서는 부모가 자신의 불안과 싸우는 고통을 겪어야만 한단다. 보통 부모는 그 고통과 마주하고 싶지 않기 때문에 설계도를 그려서 아이를 끼워 맞추려 한다. 하지만 아이가 자신 안에서 스스로 답을 찾아가며 그것을 키워나갈 수 있도록 든든한 버팀목이 되어주는 것이 바로 진정한 부모의 역할인 게다."

엄마는 매일 연습한다

아버님과 이야기를 마치고 내 마음은 미궁 속으로 빠져들어갔다. 아이의 친구 이야기에서 시작했지만 나의 교육관에 대해 다시금 깊이 생각해보게 되었기 때문이다.

아이를 바라보는 일만큼 많은 정성과 노력이 필요한 일도 없다. 눈앞엔 설거지가 쌓여 있고 빨래 건조대는 무너지려고 하고. 방바닥에는 머리카락이 먼지와 한몸이 되어 굴러다니고 있고. 집안일이 이렇게 밀려 있을 땐 그냥 아이를 꼬드기거나 소리를 질러가며 빨리빨리 일을 처리하고 싶다. 사실 그런 식으로 지금까지 하루하루를 보내왔는지도 모르겠다.

고백하자면, 아이가 말을 잘 듣고 유순하다고 느낄 때마다 나는 참 좋았다. 당근과 채찍의 적절한 사용으로 아이를 내 목적과 스케줄에 맞게 이끌어가는 것을 유능한 엄마의 모습으로 착각하기도 했다. 하지만 당근을 쓰든 채찍을 쓰든 아이의 마음을 존중하기보다는 (내 생각에) 옳은 쪽으로 혼자 방향을 정하고 아이를 끌고 왔다는 것을 나는 부정할 수 없다. 어느 순간부터 달님이에게 "이렇게 할래? 저렇게 할래?"라고 물었을 때 "엄마가 하고 싶은 걸로"라고 대답하는 것을 보고 나는 '얘가 왜 이러지?' 하고 잠깐 의아해하다가 이내 그냥 넘겼다. 아니, 오히려 내가 원하는 쪽으로 아이를 움직일 수 있기에 그 대답이 반가웠다.

점점 아이가 스스로의 의견을 잃어버리고 있음을 아이는 다양한 신호를 보내며 나에게 표현했다. 그러나 나는 아이를 제대로 바라보며 아이가 무엇을 원하고 왜 그것을 원하는지 깊이 이해한 후에 시간을 들여 서로의 생각을 조율하려는 노력을 하지 않았던 것 같다. 내 욕심이 나의 눈을 가리고 있었던 것이다.

이제 나는 아이를 대할 때 내가 원하는 것을 이야기하기보다 아이의 의견을 들으려고 노력한다. 아이와 대화를 할 때는 아이의 눈을 깊게 쳐다보며 아이의 반응을 기다리고 "그래서 너는 어떤 생각이 들었어?" "네 느낌은 어땠니?" "그게 속상했구나. 그러면 그때 어떻게 하면 좋았을까?" 하는 식으로 아이가 스스로 마음을 들여다보고 그 속에서 발견한 것을 말로 표현할 수 있도록 시간을 주려 노력한다.

시간이 흐르면서 달님이는 후에 어울리고 싶었던 두 친구(알고 보니 키가 엄청 큰 아이들이었다)와 재미있게 어울릴 수 있었다. 그리고 그동안 다른 여러 친구들을 탐색하고 그들과 어울리는 과정을 겪으면서 이를 통해 찾아낸 마음이 잘 맞는 몇몇 친구들과는 꽤 진한 우정을 유지하고 있다. 하원 후 집에 온 달님이의 유치원 가방 속에는 친구들과 주고받은 쪽지와 종이접기, 선물받은 군것질거리가 들어 있다. 하루 종일 친구들과 어떻게 놀았는지 이야기를 듣는 것도 이제는 내 일상에서 의미 있는 시간이 되었다.

아버님께 아무리 좋은 말씀을 들어도 내가 변하기는 분명 쉽지 않다는 것을 안다. 그래서 하루에 한 번이라도 연습한다. 아이의 눈을 보며, 아이가 지닌 본연의 모습을 지켜줄 수 있게, 아이를 있는 그대로 바라볼 수 있게. 하루가 쌓여 한 달이 되고 일 년이 되고, 결국 이 아이의 인생이 될 것이니까.

솔직하고
일관성 있는 부모

가장 중요한 것은 '질서와 규칙' 그리고 '존중'입니다. 부모가 중심이

바로 서 있고 행동에 일관성이 있어야 아이가 정서적 안정을 가질 수

있다는 말은, '질서와 규칙'의 중요성을 얘기하는 것입니다. 부모의

'따뜻하지만 흔들리지 않는 권위'로 지켜진 질서와 규칙을 통해 아이

는 안정적으로 양육될 수 있습니다.

예를 들어, 밥을 먹기 전 군것질을 하겠다는 아이에게는 "네가 지금

당장 출출해서 사탕이 먹고 싶구나. 하지만 우리 집은 밥 먹기 전에

군것질을 하지 않는 규칙이 있단다. 식사 전에 군것질을 하면 배고픔

은 사라질 거야. 하지만 정작 밥을 먹을 때는 맛없게 느껴져서 몸에

좋은 영양소가 있는 식사를 다 못 하게 되고, 그럼 다음 식사시간이

되기 전에 또 허기가 져서 군것질을 하고 싶어질 거야. 그리고 솔직히 엄마는 너를 위해 여러 번 밥상을 차리느라 기운을 빼고 싶지 않아. 그래서 네가 그 규칙을 지켜주면 좋겠어"라는 식으로 규칙이 존재하는 이유에 대해 충분한 설명을 해서 아이들이 억지로 규칙을 따르는 것이 아니라 그 규칙의 필요성을 이해하고 이를 따르기로 스스로 결정할 수 있도록 도와주어야 합니다.

엄마도 힘들 수 있다는 사실을 솔직하게 드러내는 것을 피하지 마세요. 평소에는 아이에게 약한 모습을 보이기 싫어서 엄마도 힘들 수 있다는 것을 알려주지도 않았으면서, 아이들이 엄마의 노고를 이해해주지 않는다고 뒤늦게 원망하는 것은 참으로 모순된 행동입니다. 아이가 엄마의 입장을 이해하고 헤아릴 수 있게, 엄마가 솔직한 마음을 표현해주어야 합니다. 엄마가 아이에게 어리광을 부리라는 말이 아닙니다. 솔직 담백하게 엄마의 마음을 알려주라는 겁니다.

엄마가 이렇게 노력을 들이면 점차 아이도 밥 먹기 전에 군것질을 요구하며 떼를 부리지 않을 것이고 엄마도 시도 때도 없이 상을 차리느라 피곤해지지 않을 것입니다. 하지만 엄마가 손님이 와계시다는 이유로, 또는 바쁘다는 이유로 규칙에 너무 자주 예외를 두면 아이는 혼란에 빠질 것입니다. 아이로서는 '언제는 되고 언제는 안 된다니! 혹시 이번엔 되나 볼까?' 하는 마음으로 규칙을 어길 시도를 하게 되는 것이 당연합니다. 떼 부리고 징징대며 엄마를 항복시키고 자신이 원하는 것을 얻으려 노력하겠지요.

여기서 엄마가 바르게 서지 않아 규칙을 지키지 않으면 아이는 점점 더 떼를 부리고 엄마는 더 힘들게 될 것입니다. 잊지 마세요. 아이에게 규칙을 적용시킬 때는 따뜻하지만 단호하게, 그리고 일관되게 하여야 합니다.

최고의 선생님보다
따뜻한 엄마이기를

아침 등원 시간. 유치원 셔틀을 기다리며 엄마들과의 대화 중에, 동네 친구들이 각종 초등과정 대비 체육 프로그램을 배우느라 학원에 다닌다는 이야기를 들었다. 달님이도 음악 줄넘기를 배우면 좋을 것 같다는 조언을 받고 나는 시무룩해져서 집에 들어왔다. 그냥, 이유는 모르겠지만 기분이 좋지 않았다. 그리고 남편에게 이렇게 말했다.

"여보, 내 안에 불안이 있나 봐. 난 분명 나 어릴 적처럼 엄마와 함께 배우고 연습하는 시간이 중요하다고 생각해. 그런데 다른 아이들은 체육학원에 가서 전문가에게 배운다는 이야기를 들으니 달님이가 뒤처질까 봐 걱정이 되는 것 같아."

엄마의 욕심 때문에

사실 요즘 달님이와 나는 특별한 시간을 보내고 있었다. 달님이가 어느 날 유치원에서 상장을 받아온 다음부터였다.

"우와! 달님이 줄넘기 상장도 받았구나!"

"아냐, 엄마. 잘 봐봐. 병아리야."

"응? 병아리?"

"상장 가운데 있는 그림."

가만히 보니 글씨 뒤 배경그림으로 병아리 한 마리가 서 있다.

"그거 독수리까지 있어. 병아리는 젤 못하는 거야."

달님의 말끝에서 슬픈 여운이 느껴졌다.

"달님아. 엄마랑 같이 줄넘기 연습할까?"

"아니. 난 줄넘기 잘 못해. 아무리 해도 잘 안 돼. 아마 이번에도 못할 거야."

"아냐. 달님아. 몸으로 하는 거는 뭐든지 연습하면 다 잘 하게 되어 있어. 엄마도 어릴 때 외할머니가 가르쳐주셔서 잘 하게 되었는걸."

"와. 정말? 엄마도 줄넘기 외할머니한테 배웠어? 그럼 나도 해 볼래!"

그날 달님이는 얼굴이 벌게지도록 두 시간이 넘게 폴짝폴짝거리더니 하나도 넘지 못했던 줄넘기를 일곱 개까지 넘는 데 성공했다. 달님이는 자기 '살'이랑 같은 수(일곱 '살')만큼 넘었다며 무척 좋아했다.

벌게진 얼굴, 땀에 젖어 촉촉해진 머리를 풀썩이며 포기하지 않고 뛰는 모습이 어찌나 대견하고 예쁘던지. 말은 안 했지만 나의 마음 또한 아이 얼굴만큼 붉게 달아올랐다. 석양의 어스름 아래 지금 저 아이와 비슷했을 나를 바라보시던 돌아가신 엄마의 젊은 모습도 떠올랐다.

그렇게 줄넘기를 시작으로 '꼬마야 꼬마야', '림보(몸을 뒤로 젖혀 줄 밑으로 지나가는 놀이)' 같은 놀이를 하고, 동네 엄마들과는 공터에 고무줄을 사서 매어놓자는 이야기도 나눴다. 어린 시절 고무줄, 사방치기 같은 놀이를 하며 즐거웠던 기억이 떠올랐고, 내 아이도 그런 추억을 갖게 될 거란 기대에 설레었다.

그런데 티비 예능 프로그램에 나와 유명해진 선생님이 계신다는 음악 줄넘기 학원에 다니는 게 좋지 않겠냐는 권유가 왜 내 마음에 불안함을 주었던 것일까? 갈피를 못 잡고 있을 때, 남편이 어떤 종이 한 장을 나에게 내밀었다.

영어가 빼곡히 적힌 프린트물이었는데, 종이에 남편 글씨로 '엄마는 최고의 선생이다! 그런데 요즘 세상에는 엄마는 없고 선생만 있다'라고 쓰여 있었다. 남편이 레지던트 때 존경하는 선생님께 정신분석사례에 대한 지도를 받던 중 선생님께서 하신 말씀을 적어놓은 것이었다. 나는 이 종이를 보고 남편에게 물었다.

"여보. 이게 그런 말이지? 엄마가 가르쳐주는 게 최고인데 요즘은 학원엘 너무 보내서 엄마는 없고 선생님만 있다는 말인 거지?"

남편의 대답은 내 생각과 완전히 달랐다.

"아니. 이 말은 아무도 감히 흉내 낼 수 없는 최고의 선생님이 바로 엄마라는 사람인데, 요즘 엄마들이 가장 중요한 '엄마'의 역할을 버리고 단순한 '선생'으로만 역할을 하려 해서 진정한 엄마가 사라졌다는 이야기야. 마음이 아파 병원을 찾는 아이들이 많은 게 그 이유 때문이라는 이야기였지."

아…. 나도 그랬다. 아이가 하원할 시간이 되면 간식거리와 함께 오늘 읽을 책들을 준비해놓고, 흘려듣기를 할 CD와 영어책을 챙겼다. 진도에 맞추어 수학 문제집 모서리를 접어놓고 받아쓰기할 페이지를 펼쳐놓았다. 아이가 들어오면, 눈을 맞추고 이야기를 나누기보다는 수행해야 할 과업들을 부지런히 해치워야 한다는 생각에 마음이 분주하여 손 씻고 간식 먹는 시간조차 재촉하고 싶었던 때가 있었다. 눈에 벗어나는 행동을 하면, 따뜻한 엄마의 모습으로 왜 그랬는지 묻고 아이의 이야기에 귀를 기울이기보다는 예의 없는 아이의 엄마라는 말을 듣고 싶지 않은 마음에 야단치고

훈계하기 바빴던 것도 같다.

가슴이 아프다. 미안하고 슬프다. 나는 아이가 어떤 기술을 어떻게 하면 더 빠르고 완벽하게 익힐 수 있을지에 가치를 두느라, 비록 서툴고 느리더라도 그 배움의 과정을 엄마와 함께해 나가는 것이 얼마나 소중한 교육적 경험인지를 생각하지 못했다. 엄마가 아니라 오로지 선생이라는 역할을 뒤집어쓰고 내가 준비하고 계획한 일들을 어떻게 진행시킬지 생각하느라 유치원에서 있었던 이야기를 조잘거리는 아이의 이야기에 귀를 기울이고 눈을 맞추는 일을 소홀히 했다. 바로 엄마로서의 역할을 말이다.

이런 사실을 깨닫고 난 다음부터는 아이가 마음껏 뒹굴면서 놀도록 내버려둔다. 요즘 달님이는 심심할 때면 현관을 여는 카드와 무전기를 하나 가방에 넣고 햇님이 손을 잡고 나가 마음껏 뛰어놀다 들어온다. 내가 능력 있는 엄마가 되고 싶은 욕심에 그동안 엄마가 아닌 선생 노릇하며 달님이에게 주입한 많은 것들로부터 이제 조금은 자유로워진 게 아닐까 하는 생각이 든다. 하지만 남편은 여전히 내가 선생 역할을 하는 동안 아이가 잃어버리게 된 그 무엇을 안타까워한다.

엄마가 함께한다는 것

엄마는 최고의 선생님이다. 이 말에는 다른 누구에게 배우는 것보다 웬만하면 엄마가 가르쳐주는 게 좋다는 의미도 들어 있다. 아이가 어릴수록 더욱 그렇다. 하지만 아이에게 있어 엄마는 선생님이기 전에 엄마이다. 아이가 어려워하는 일 앞에서 결과를 내야 하는 선생 입장이 되면 잘하라고 다그치게 되지만, 엄마가 되면 속상하고 답답한 마음을 함께할 수 있다.

엄마가 아이의 마음을 느껴주었을 때 아이는 다시 딛고 일어날 용기를 얻는다. 이런 사실을 머리로는 알면서도, 그동안의 학교교육을 통해 내 몸에 배어버린 성과주의 가치관 때문에 아이를 나보다 줄넘기를 잘 가르치는 전문가 선생님에게 보내야만 할 것 같은 불안을 느꼈던 것 같다.

다시 엄마의 마음으로 돌아와, 아이와 함께 즐겁게 놀면서 '줄넘기 잘하는 법'을 검색해본다. 팔을 이렇게 해보기도 하고 저렇게 해보기도 한다. 능숙한 전문가보다 서툴고 더딜지라도 아이와 함께 시행착오를 거치며 정답을 찾아가는 과정을 겪겠다고 다짐한다. 내가 되고 싶은 엄마는, 성공한 아이의 엄마가 아니라 아이가 기뻐할 때 함께 기뻐하고 아이가 슬퍼할 때 함께 눈물을 흘릴 수 있는 엄마이니까.

엄마의 바람은

최고의 엄마는 자식으로 하여금 만나는 모든 이들을 스승, 도반, 제
자, 또는 배워야 할 분, 서로 협력할 분, 가르쳐서 끌고 나갈 분으로
대할 수 있게 만드는 사람입니다. 결코 만나는 사람을 뺏을 놈이나
뺏길 놈, 피할 놈으로 대하는 사람으로 만들어서는 안 됩니다.

가만히 상대를 두고 관찰할 수 있는 힘을 가진 사람으로 자식을 키우
는 것이 엄마의 바람이 되어야 마땅합니다.

4장

일상에서
토닥
토닥

놀란 아이를 보듬는
엄마의 역할

준서는 달님이가 이사 와서 새로 다니게 된 유치원에서 사귄 친구이다. 워낙 서로 좋아하며 잘 어울리고 엄마들끼리도 마음이 잘 맞아 준서네와 우리는 종종 함께 시간을 보낸다. 준서는 의젓하고 예의 바르면서도 때 묻지 않은 아이이다. 표정도 밝고 순수해서 아이를 보고 있으면 참 잘 자랐구나 하는 생각이 든다. 달님이와 같은 나이지만 8개월 먼저 태어나서 그런지 달님이랑 놀 때 늘 먼저 양보하고 살뜰히 챙겨주면서 오빠 노릇을 톡톡히 한다. 아무튼 달님이에게는 참 든든한 친구이다.

며칠 전에도 엄마와 함께 우리 집으로 놀러 온 준서는 달님이와 함께 책을 읽고 역할극, 블록놀이, 소꿉놀이 등 다섯 살 아이다운 놀이를 하며 즐거운 시간을 보냈다. 그런데 한참 즐겁게 놀다가, 갑자기 외마디 비명소리가 났다. 사고가 난 것이다. 준서의 이마와 달님이의 코가 부딪혀서 달님이 코에서 피가 주르륵 흐르고 있었다.

달님이를 돌보기 위해 품에 안고 있던 셋째 별님이를 황급히 내려놓는 사이에 준서네 엄마가 한발 앞서서 코피를 닦아주며 숨이 넘어가도록 우는 달님이를 달래고 있었다. 마치 자신의 아이를 돌보듯 달님이를 안아서 달래주고 울음이 잦아들 때까지 보듬어주었다. 어림잡아 10분 정도 그런 시간이 지속됐다. 어쩌면 당황스러운 나머지, 실제 시간보다 길게 느껴졌을지도 모르겠다. 잠시 후 달님이의 울음이 그치고 상황이 진정된 뒤 준서와 달님이는 언제 그런 일이 있었냐는 듯 아무렇지도 않게 다시 잘 놀다가 느지막이 아쉬워하며 헤어졌다.

몸은 다쳤지만 마음은 다치지 않게

그날 밤 자려고 누워서 그 일을 다시 떠올려보니, 마음이 따뜻해지는 것을 느낄 수 있었다. 곁에서 봤을 땐 아이의 울음에 귀청이 찢어질 뻔한 10분간의 시간이었지만 한편으로는 너무나도 차분하고 편안한 마음으로 지나간 시간이라는 생각이 스쳤다. 그런 느낌이 참 따뜻하고 좋아서, 옆에 누워서 책을 읽고 있던 남편에게 말을 건넸다.

"여보. 있잖아. 오늘 준서네가 놀러 왔었는데 둘이 놀다가 준서 이마랑 달님이 코랑 부딪혀서 달님이가 꺽꺽 숨넘어가게 울고 코피도 많이 났어. 그때 상황이 어땠는지 알아? 자지러지게 우느라 우는 소리도 안 들리는, 마치 잠시 숨이 멎은 듯한 그런 상태 있잖아. 달님인 그렇게 막 울었어. 준서도 많이 아픈지 이마를 문지르고 있었고. 달님이가 코피 나고 나중에 코가 부을 정도로 부딪혔으니 준서도 얼마나 아팠겠어.

그런데 그 상황에서 준서가 정말 진심어린 목소리로, '달님아. 많이 아프지? 미안해'라고 하는 거야. 그리고 준서 엄마는 꺽꺽대며 울고 있는 달님이의 코피를 닦아주면서 '아이고 코피가 나는구나. 많이 아프지? 요렇게 누르고 있으면 금방 멈출 거야. 걱정 말렴' 하고 이야기하며 아이를 살펴주었어.

나는 '달님아. 코가 많이 아팠겠구나. 코피는 이제 멈춘 것 같아. 걱정 마'라고 이야기하고 꼭 안아주었어. 토닥토닥하면서. 물론 달님이는 꽤 오랫동안 울었어. 모두 달님이가 울음을 멈출 때까지 가만히 기다렸지. 집 안을 크게 울리던 달님이의 울음소리가 조금 옅어지자 준서가 또, '달님아. 괜찮아? 미안해'라고 말했어. 한참을 울던 달님이 눈물을 닦으며 그러더라. '준서야. 너도 많이 아팠지? 나도 미안해. 난 이제 괜찮아.' 그런 다음 10분 전의 상황과 전혀 다르지 않게, 엄마들은 하던 이야기를 계속하고 아이들은 또 신나게 뛰어놀았어.

여보, 근데 난 정말 준서와 준서 엄마가 고맙더라. 보통은 아이들끼리 놀다가 부딪혀 상대 아이를 다치게 하면 엄마가 나서서 아이를 다그쳐 사과를 시키는 경우가 많거든. 근데 그렇게 되면 말 그대로 아이들끼리 놀던 중에 본의 아니게 가해자가 되어버린 아이는 놀라기도 하고 미안하기도 해서 어찌할 바를 모르게 돼. 그런데 아이가 놀란 마음을 진정하기도 전에 엄마가 다그쳐서 먼저 사과를 시키려들면 아이는 무언가 억울한 마음이 들게 되지. 그래서 사과를 하는 둥 마는 둥 하며 딴청을 부리게 돼. 진심 어린 사과를 할 기회를 (불안한) 엄마한테 뺏겨버리는 거지. 그럼 결국 서로 어색하고 불편한 상황이 되어 도망치듯 집에 돌아가게 되는 거야.

그리고 다친 아이 입장에서도 상대방 엄마가 너무 미안해하면서 사과를 시키는 모습을 보면서 피해자인 자기 입장만 생각하게 되고, 의도치 않은 실수로 자신을 다치게 한 친구의 입장은 생각할 겨를을 잃어버려 더 서러워하면서 오래 울고 그러거든.

친구도 무척 당황스럽고 울음을 터뜨리지만 않았을 뿐 자기 못지않게 아플 수도 있는데 그런 사정을 헤아릴 수 없게 되어버리는 거야. 또 다친 아이의 엄마인 내 입장에서도 상대편이 과도하게 미안해하면 도리어 무안해져서 '아니에요. 달님인 원래 코피 잘 나요. 걱정 마세요(실제로 달님이는 코피가 정말 자주 난다)'라는 이야기를 할 수밖에 없어져. 상대 엄마에게 예의를 차리다 보니 내 아이가 지금 느끼고 있는 아픔과 괴로움을 무시하는 엄마가 되어버리는 것이지.

그런데 준서 엄마는 준서가 스스로 생각하고 반응할 수 있게 기다려주었어. 준서는 진심을 담아 사과의 말을 건넸고, 달님이는 울면서도 준서의 진심이 담긴 말을 듣고 마음이 누그러져 준서의 입장을 생각할 여유가 생겼어. 그래서 비록 자신은 코피가 났지만 동시에 부딪힌 준서의 이마를 걱정해줄 수 있었던 거 같아.

비록 잠깐 사이의 일이었지만 난 이제 겨우 다섯 살이라고는 믿기지 않는 성숙한 아이들의 모습을 봤어. 그게 다 아이를 믿고 아이 스스로 반응하길 기다려주는 엄마의 힘이라는 것도 느꼈고. 준서 엄마가 참 존경스럽다는 생각도 했어."

아이의 감정을 희생시키지 않기

긴 이야기를 다 듣고 나서 신랑이 말했다.

"와. 준서나 준서 엄마도 멋지지만 달님 엄마도 멋진데? 그 상황에서 달님이가 코피 자주 난다는 말이 목구멍까지 올라왔을 텐데, 그 말을 달님이가 듣고 섭섭한 마음이 들까 봐 꾹 참았구나!"

"응. 정말 목구멍까지 그 말이 올라오더라. 준서 엄마와 준서가 미안해하는 마음을 덜어주고 싶어서. 그런데 그렇게 되면 달님이가 '난 지금 코피가 나서 무섭고 아픈데 엄마는 내 마음을 전혀 모르네' 하고 마음에도 상처를 받을 수 있을 것 같았어. 사회적인 예의를 차리느라 아이의 감정을 무시하고 희생시키면 안 된다는 당신의 말이 떠오르더라고.

달님이 어릴 때도 이런 상황이 많았거든. 그땐 불안해하는 상대방 엄마들의 반응에 '우리 애는 괜찮아요' 하며 그들의 불안을 덜어주려고 했는데 그러고 나니 뒤늦게 달님이에게 미안해졌던 기억도 났어."

"행동도 적절했지만 이런 상황을 통해 과거의 실수를 되돌아보는 모습도 보기 좋은걸?"

"하하. 칭찬받으니 기분이 좋네. 고마워."

어떤 상황보다
먼저 신경 써야 할 것

공원을 산책하다 본 모습입니다. 엄마와 함께 놀러 나온 한 아이가
멀리서 달려오는 자기 몸집보다 큰 개를 보고 겁에 질려 도망갔습니
다. 그러자 엄마는 뒤따라오던 개의 주인에게 버럭 화를 내며 따집
니다. "아니, 이렇게 큰 개를 줄도 안 매고 데리고 나오면 어떡해요?"
정작 겁에 질려 울고 있는 자신의 아이에게는 눈길도 주지 않고 말입
니다.

아이가 친구와 놀다가 다쳤을 때 무턱대고 상대방에게 따지는 엄마
와 상대방을 배려하려는 마음에 정작 아이의 마음을 돌보지 않는 엄
마. 두 사람 모두 아이보다는 자신의 감정이 우선이라는 점에서는 다
를 게 없습니다.

다급한 상황일수록 아이의 눈빛과 표정을 먼저 보세요. 그렇게 가슴에
가득 찬 나의 감정을 비워내고 그 자리에 아이의 감정을 담아보세요.

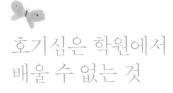

호기심은 학원에서
배울 수 없는 것

올해 다섯 살인 둘째 햇님이는 집 근처 유치원에 다닌다. 집에서
는 걸어서 5분 거리이지만 실제 등원에 걸리는 시간은 20분 이상
이다. 아파트 뒷마당 오솔길을 지나, 뒷산으로 향하는 등산로 입
구를 따라 걷는 길에 흥미로운 보물이 가득하기 때문이다.

여름이면, 매미가 남겨둔 유충 껍데기가 나무마다 붙어 있고, 나
무 밑동, 풀숲 사이사이마다 새로 올라온 버섯을 찾아내기 바쁘
다. 들꽃 위에 앉은 무당벌레도, 오솔길 디딤돌 틈새의 공벌레도
반가운 존재다. 비 온 다음 날은 물구덩이를 찾아 길가로 나온 지
렁이를 사람 발에 밟히지 않게 다시 흙무덤으로 던져주는 것도 즐
거운 일 중 하나이다.

그중 햇님이를 가장 즐겁게 하는 일은 공벌레를 만나는 일이다. 길 가다 공벌레가 보이면 "앗! 공벌레다!" 하고는 그 자리에 주저앉는다. 공벌레가 가는 길을 손가락으로 막아보고, 공벌레가 손을 피해 다른 길로 가려고 하면 다시 손가락으로 막으면서 노는 햇님이. 공벌레는 계속 길 막힘을 당하자 이내 몸을 둥글게 말아버린다. 몸을 둥글게 말아 공이 된 공벌레를 햇님이는 엄지와 집게를 이용해 손바닥 위에 올려놓고 이리저리 굴린다.

그렇게 한참을 가지고 놀다 시들해지면 햇님이는 "엄마에게 가렴!" 하며 공벌레에게 작별인사를 건네고는 풀숲으로 던져준다. 친구들에게 나누어주겠다며 바닥에 떨어진 매미 껍데기를 두 손 가득 담아갈 때도 있고, 먹잇감을 기다리는 거미가 거미줄 사이사이 다니는 모습을 바라보기도 한다. 실컷 궁금한 것들을 관찰하고 만져보고 나면 아이의 발걸음은 한층 신이 나서 유치원을 향해 한걸음에 달음박질치기도 한다.

호기심 가지를 꺾지 마세요

한번은 모처럼 남편과 함께 햇님이를 등원시킨 날이 있었는데, 그때 햇님이와 나의 등원길을 지켜보던 남편이 말했다.

"여보. 난 당신과 햇님이가 등원하는 모습이 참 보기 좋아."

"그래? 그냥 일상일 뿐인데. 어떤 점에서?"

"응. 유치원이나 어린이집에 등원하는 아이들의 모습은 저마다 다 다르잖아. 엄마 손에 이끌려 가는 아이, 엄마 손을 끌고 가는 아이, 유모차에 앉아 가는 아이. 혼자 앞서가는 엄마를 두리번거리며 쫓아가는 아이, 차에서 내려 바로 교실로 가는 아이 등등.

그중 내가 가장 좋아하는 모습은 아이가 앞서 걷고 엄마는 아이가 가는 대로 따라가주는 모습이야. 아이가 멈춰 서서 무언가를 호기심 있게 바라보면 엄마도 함께 호기심 어린 눈으로 바라보고, 아이가 신기해하거나 즐거워하는 대상들에 대해서도 엄마가 함께 신기해하고 즐거워해주는 모습. 그런데 길에서 이런 모습을 만나는 게 생각보다 어려워.

아이가 흥밋거리를 발견하고 걸음을 멈추면 엄마들은 보통 이렇게 말하지. '선생님 기다리시겠다. 얼른 가자!' '어! 저기 같은 반 친구 가네. 같이 갈까?' '늦게 가면 재미있는 수업 못 듣잖아. 얼른 가자!'

잠시 아이를 기다려주는 엄마도 있지만 대개는 지겨움이나 지각에 대한 불안 등 자신의 감정을 이기지 못하고 결국 아이를 재촉하더라고. 그래도 자신의 의지를 표현하는 아이는 '엄마. 난 공벌레 보는 게 더 재미있어. 안 갈래' 하며 들여다보기를 멈추지 않

아. 말 못 하는 어린아이들은 엄마가 앞서서 빨리 오라고 해도 꼼짝 않고 관찰하던 것을 계속 보고 있지. 그러면 어떤 엄마는 아이를 번쩍 들어 안고 갈 길을 가는 거야. 나는 그런 모습을 보면 아이의 몸에서 뻗어 나와 확장되던 호기심 가지들이 댕겅 도끼질 당하는 것 같아 슬퍼져.

정말 바쁘고 중요한 일은 무엇일까? 세상을 관찰하면서 길러진 사고력과 탐구심이 앞으로 아이가 수행할 학업과 직업의 밑바탕이 될 텐데 이보다 더 중요한 일은 과연 무엇일까? 찰나가 모여 인생이 되는 것인데 이렇게 소중한 찰나를 놓치면서 어떤 인생을 살기를 원하는 걸까? 이런 생각이 들더군."

아이가 세상을 탐구하게 만드는 힘

"또 다른 경우, 아이가 벌레나 지렁이를 신기해하며 만지고 싶어 하면 '지지! 에비~. 만지지 마세요!' '꺄악! 엄마한테 가져오지 마' 이렇게 반응하기도 해. 물론 엄마가 벌레나 지렁이를 무서워할 수도 있어. 하지만 엄마의 그런 모습을 아이는 그대로 배우게 돼. 움직이는 벌레나 지렁이를 더는 궁금해하지 않고 피해야 하는 존재로 생각하고 행동하게 되는 거지. 그러면서 그 엄마들은 돈을 들여 아이를 숲학교에 보내서 자연과 친해지길 바라고, 호기심을 갖고 공부하기를 바라며, 의대에 가서 의사가 되길 바라지.

의대에서 보면, 피를 무서워해서 외과 실습 내내 힘들어하는 친구들이 있어. 해부수업에 들어갔다가 구토하며 밖으로 뛰쳐나가고 어떤 친구는 힘들게 들어온 의대를 결국 그만두기도 했어.

그 친구들이 태어날 때부터 피를 무서워했을까? 시신에 대한 거부감과 역겨움이 유전자에 박혀 있는 것일까? 난 그렇지 않다고 생각해. 걷기 전 손에 쥔 모든 걸 입으로 가져가는 아이들을 봐. 아이의 뇌는 깨끗한 도화지와 같아. 우리가 느끼는 두려움과 거부감의 많은 부분은 어쩌면 자라면서 배우고 습득되는 관념들일 수도 있어.

설령 본능적으로 낯선 것에 대한 두려움을 느꼈다 하더라도 그것이 위험한 대상이 아니라는 것을 양육자로부터 배울 수 있다면 필요 이상의 두려움은 갖지 않게 될 거야. 비 온 다음 길에서 꿈틀대는 지렁이도, 집 안에 나타난 거미도, 개미가 뜯어 먹고 있는 죽은 매미도, 파리가 꼬여 있는 개구리 시체도 나에게 해를 끼치지 않는 존재이며 더 나아가 신비로운 자연의 일부라고 알려준다면 말이야. 적어도 그것이 자신의 중요한 꿈이나 의지를 방해할 정도가 되지는 않겠지.

자신이 기억하지도 못하는 트라우마 때문에 일상생활이 힘들어

진료실을 찾는 경우도 많아. 고양이가 무서워 밤에 길을 걷지 못하는 사람. 피만 보면 기절해버리는 사람. 흔히 우리 사회에서 '공포증'이라고 분류하는 것들을 나도 모르게 아이들에게 심어주고 있는 것은 아닌지 생각해봐야 해. 내가 가진 관념으로 인해 아이들이 인생에서 누릴 수 있는 여러 가지 가능성을 차단하게 될 수 있으니까."

부모보다 더 훌륭한 아이로

나도 모르게 나오는 여러 반응이 아이에게 직접적인 영향을 끼칠 수 있다는 것이 새삼 놀라웠다. 아이의 가능성을 차단하지 않으려면 어떻게 해야 하는 걸까?

"방법은 어렵지 않아. 목숨이 위험하거나 장애가 생길 정도로 큰 부상이 예상되는 상황만 아니라면 한발 물러서서 아이가 하는 것을 바라보아줄 것. 그러려면 먼저 엄마 스스로 자신의 불안을 이겨낼 수 있는 힘이 필요해.

먼저 엄마가 자신의 마음을 잘 들여다봐야 하지. 아이의 손이 더러워지면 닦아주는 수고를 할 각오가 되어 있는지, 옷이 더러워져도 참을 수 있는지, 넘어져 무릎이 까져도 차분하게 대처할 자신이 있는지 스스로에게 먼저 물어볼 필요가 있어.

많은 엄마들이 '창의성 증진'이니 '뇌 속 뉴런의 확장'에는 관심을 보이지만 정작 그것들을 형성하는 데 주춧돌 역할을 하는 호기심을 지켜주기 위한 인내와 수고를 감당하기 어려워하지. 어떤 엄마들은 도저히 그러한 수고를 감당할 수 없어서 결국 아이의 행동을 제재할 수밖에 없을 거야. 그렇게 하는 것이 불안한 마음을 억지로 참아가며 아이를 지켜보다가 결국 아이에게 짜증을 터뜨리는 것보다는 낫다고 생각해. 하지만 그런 경우에는 아이에게서 호기심이나 창의성을 기대하는 욕심을 부리지는 말아야겠지. 창의성의 날개를 꺾어버린 것이 바로 엄마 자신이니까.

그리고 무섭고 싫은 것을 맞닥뜨렸을 때, 엄마가 놀라면 아이는 그것을 보고 배워. 다시 말해 엄마가 놀라지 않으면 아이도 놀라지 않는다는 뜻이야. 어른인 나는 그동안 교육받고 습득한 것에 의해 어쩔 수 없이 이렇게 되었지만 내 아이에게까지 그것을 물려줄 필요는 없잖아? 무의식중에 주입된 부정적 관념은 결국 인생에서 걸림돌이 되게 마련이니까.

엄마의 불안 속에 아이를 가둬 키우면 아이는 결코 엄마의 그릇 크기 이상으로 자랄 수 없어. 저 아이가 나보다 더 크고 훌륭하게 자랄 것이란 믿음을 가지고 바라봐."

한번은 아이들과 가까운 냇가로 물놀이를 하러 갔다. 구명조끼를 입은 아이들은 아이언맨 슈트라도 얻은 양 신이 났다. 특히 달님이가 조끼 덕에 용기를 얻었는지 큰 애들이 다이빙하며 노는 깊은 물가로 같이 가보자고 한다. 큰 아이들이 거기서 노는 걸 보고 내심 부러웠나 보다. 깊은 물가에서 물이 차다고 으드드드 하면서도 결국 들어갔다 나온 달님이. 소망을 이룬 듯 만족한 표정을 짓는다.

우리는 이제 다시 얕은 물가로 돌아가려고 길을 따라 내려왔다. 그런데 계곡 옆 바위 계단 사이에서 무언가가 보이는 것이다.

"엄마, 이것 보세요! 새가 죽어 있어요!" 달님이가 가리키는 곳에는 정말 죽은 까치 한 마리가 놓여 있었다. 새를 보려고 가까이 내려가는 달님이에게 나는 "달님아. 죽은 새한테 안 좋은 균이 있을 수도 있으니까 만지지 않았으면 좋겠어" 하고 말했다. 하지만 달님이는 "엄마. 죽은 새는 땅에 묻어줘야 해요. 너무 불쌍하잖아요" 하며 새를 가져오기를 고집했다. 좀 걱정이 되었다. '뒤집어봤을 때 흉측한 꼴이면 어쩌지?' '썩어서 구더기라도 나오면 어쩌지?' 그러다가 갑자기 정신이 들었다. '아, 지금 딱 내 그릇만 한 걱정을 하고 있잖아'라는 생각이 든 것이다. 남편이 해준 이야기가 떠오르기도 했다. 그래서 달님이에게 다시 "이거 만지고 비누로 손 깨끗이 씻자!" 하고는 달님이가 새를 집어 드는 것을 도와줬다.

다행히도(?) 새는 죽은 지 얼마 안 된 듯 깨끗한 상태였다. 애처로운 눈빛으로 새를 이리저리 들여다보던 달님이는 "무덤을 만들어 줘야 해요" 하며 내게 도움을 청했다. 적당한 곳에 무덤 자리를 잡아주자 달님은 고양이가 쉽게 캐가지 못할 정도로 깊이 흙을 파고는 새를 묻은 후 흙을 덮어주었다. 달님이는 꽤 오랜 시간을 들여 정성껏 무덤을 만들었고, 완성한 후에는 눈을 감고 기도를 하는 것 같았다.

특별할 것 없이 스쳐가는 일상 속에서도 아이를 바라보고 있노라면 많은 사유를 하게 된다. 달님이는 왜 죽은 존재는 무덤에 있어야 한다고 생각하게 되었을까? 무덤이 안식처란 느낌을 언제 갖게 되었을까? 증조할머니와 외할머니의 죽음은 달님이가 지닌 죽음에 대한 이미지에 어떤 영향을 주었을까? 내가 만약 죽은 새를 끝까지 못 만지게 했으면 달님이의 머릿속에 죽음은 '불결하고 혐오스러운 그 무엇'으로 각인될 수도 있지 않았을까? 아이들을 대하는 찰나의 순간들이 쌓이고 겹쳐서 아이를 이루어간다. 정말 귀중하고 집중해야 하는 시간인 듯하다. 엄마의 시간이란.

다양한 감각을
키워주는 법

동네를 산책하다 보면 마주치는 광경에 종종 마음이 아플 때가 있습니다. 놀이터 모래밭의 감각을 느껴보기 위해 신발을 벗으려는 아이에게 '너 그러다 유리조각에 찔린다!' 하고 겁을 주며 억지로 신발을 신기는 엄마, 모래를 한 움큼 쥐어 자신의 머리에 부으며 감각을 느껴보려는 아이에게 '더러워지잖아!' 하고 야단치는 할머니, 공원에서 잔디의 감각을 느껴보기 위해 포장된 도로를 벗어나 잔디밭으로 걸어 들어가는 아기에게 '벌레에 물려!' 하고 제지하는 아빠.

어린아이는 아직 뇌를 비롯한 신경계가 완성되어 있지 않습니다. 따라서 이 시기에 온몸의 감각기관을 통해 들어오는 다양한 감각 자극은 두뇌와 신경계의 발달에 지대한 영향을 미칩니다. 어린 시절에 풀과 나뭇잎의 색깔을 통해 셀 수 없이 다양한 초록색을 보고 자란 아이는 그림책의 '초록색' 잉크 색을 주로 보고 자란 아이와 시력이야 같을 수 있겠지만 색상의 미세한 차이를 구별하는 능력 면에서 월등히 뛰어납니다. 그리고 이것은 남들이 미처 보지 못하는 것을 알아볼 수 있는 능력, 즉 창의성으로 연결됩니다. 특히 촉각은 태어날 때 오감 중에서 가장 덜 발달된 상태인 감각이기 때문에 다른 감각들에 비하여 출생 후의 감각 자극이 신경계의 발달에 더 큰 영향을 미칠 수 있습니다. 그리고 색깔과 마찬가지로 인공적으로 가공된 사물을 통한 밋밋하고 단순한 촉각 자극과, 셀 수 없이 미세하게 다른 자연 그대로의 사물들을 통한 다양한 촉각 자극이 신경 발달에 미치는 영향은 다를 수밖에 없습니다.

아이가 자연과 직접적으로 접촉해야만 하는 이유는 감각기관의 다양한 자극을 통한 신경계의 발달 이외에도 또 있습니다. 면역학을 연구하는 의사들은 현대 사회에 들어와 아토피나 천식 같은 알레르기성 질환들이 급증한 원인으로 옛날과 달리 자연으로부터 격리되어 어린 시절에 다양한 항원을 접할 수 없게 만드는 '너무 청결한' 환경을 꼽기도 합니다.

저는 깨진 유리조각이 널려 있는 집 앞 공용 쓰레기장을 하루 종일 맨발로 뛰어다니며 놀면서도 한 번도 다친 적이 없다고 해맑게 이야기하던 아프리카의 꼬맹이들과, 실수로 바닥에 떨어뜨려 흙 범벅이 된 알사탕을 가만히 주워 다시 입에 넣고 맛있게 빨아먹던 아마존 강가 마을의 세 살 난 여자아이를 만난 적이 있습니다. 놀랍게도 이 아이들은 뉴욕에서 만난 아이들보다 더 건강한 신체와 안정된 감정 상태를 이루고 있었습니다. 너무 청결하기만 한 환경에 대해 다시 생각해볼 수 있었던 경험이었지요..

작은 호기심에서
피어난다

둘째 햇님이가 다섯 살이 되어 유치원에 다니기 시작했다. 이 유치원에서는 학기 초에 부모 참여 수업이라는 걸 한다. 그것은 바로 부모가 유치원에 와서 아이와 함께 체육, 영어, 동화연극 등 다양한 프로그램을 경험해보는 것이다. 그날은 부모 참여 수업이 있는 날이라 햇님이와 남편, 그리고 나 다 같이 유치원에 등원했다.

몇 시간 동안 거의 모든 프로그램을 마치고 이제 마지막 미술 시간이 남았다. 아이들과 학부모가 선생님 주변으로 모두 모여 앉아 만들기 설명을 들었다. 선생님의 설명이 끝나고 이제 모든 아이들이 자기 자리로 돌아가 직접 만들기를 해볼 차례가 되었다.

"여러분. 이제 각자의 준비물이 놓여 있는 자기 자리를 찾아가

세요. 준비물 옆에 이름표가 붙어 있을 거예요.”

아이들은 일제히 일어나 자기 이름표를 찾으러 책상 사이를 돌아다니기 시작했다. 나는 아까부터 구석 자리에 있는 책상에 햇님이의 이름표가 붙어 있는 것을 확인해놓았다.

햇님이는 아직 한글을 모른다. 아직은 딱히 글씨를 궁금해하지 않는 듯해서 ㄱㄴㄷㄹ도 가르쳐주지 않았다. 가끔 보면 자기 이름이 대충 어떻게 생겼는지는 아는 것 같았지만 어쨌든 한글을 모르니 자기 이름표를 찾는 데 시간이 좀 걸릴 것이었다. 햇님이가 이름표를 확인하며 돌아다니는 동안 남편과 나는 햇님이의 뒤를 따라다녔고 대부분의 아이들이 자리를 잡고 앉을 때가 되어서야 햇님이는 자기 이름표가 붙어 있는 제일 구석 자리의 책상 근처에 도달했다. 그런데 그 순간, 햇님이는 자기 이름을 알아보지 못하고 그냥 지나치려고 했다. 그래서 나는 무심결에 “햇님아. 여기 네 이름 있네!”라고 가르쳐주었다. 그러자 갑자기 남편이 나를 쳐다보며 말했다.

“가만히 좀 있어봐! 어떻게 하는지 좀 보게!”

작고 낮은 목소리였지만 화가 난 듯 날카롭게 느껴졌다. 난 뜻밖의 면박을 당한 것에 얼굴이 화끈거렸고, 다른 학부모들이 듣지 않았을까 신경이 쓰이기도 했다. 당황스럽고 화가 나는 마음을 가까스로 참으며 개미만 한 목소리로 “나 화장실”이라 말하고 자리에서 일어나 교실에서 나와버렸다.

순수한 호기심을 지켜주세요

울그락불그락해진 얼굴에 찬물을 끼얹고 다시 돌아가 보니 남편은 햇님이와 함께 만들기를 하고 있었고, 나는 잔뜩 골이 난 채로 남편을 째려보며 수업이 끝나기만을 벼르고 있었다. 그리고 유치원 문을 나서자마자 남편에게 따졌다.

"내가 도대체 뭘 잘못했기에 그렇게 면박을 줘? 다른 사람들이 듣기라도 했으면 내가 얼마나 창피할지 생각해봤어?"

"작게 말한다고 한 건데, 당신 기분이 그럴 줄은 몰랐어. 내가 그 순간 화가 났었던 것 같아. 하지만 당신 체면이 아이보다 더 중요한 건 아니잖아."

"당연히 체면보다 아이가 더 중요해. 하지만 내가 애한테 뭐 그렇게 나쁜 짓을 했어? 내가 뭘 잘못했다고 그렇게 무안을 준 건데?"

"미안해. 하지만 그 순간 당신이 하는 말이 햇님이에게 어떤 영향을 끼칠지 고려하지 않고 너무 가볍게 하는 말 같아서 화가 났어."

"도대체 뭐가 그렇게 나쁜 영향을 끼치는데? 내가 처음부터 이름표를 찾아준 것도 아니고 못 알아보고 그냥 지나치려고 하니까 알려준 거잖아!"

이렇게 우리는 서로 화가 난 채 그냥 집으로 돌아와버렸다. 햇님이만 데리고 외식한 적이 없어서 모처럼 맛있는 파스타집도 예약해놨는데, 계획을 다 망쳐버려서 더 속이 상했다. 집에 돌아와서도 내 마음은 쉽게 풀리지 않았다. 어리둥절해하는 햇님이에게는 엄마 아빠가 잠깐 생각이 안 맞아 얘기하는 중이라고 설명해주었다. 남편은 집에 오자마자 원두를 갈아 커피를 내리기 시작했다. 커피향이 집 안에 퍼지고, 남편은 따뜻한 커피가 담긴 머그컵을 나에게 주며 말했다.

"여보. 당신 입장에서는 내가 당신을 그렇게 저지한 게 황당하고 화가 났을 것 같아. 하지만 내 입장에서도 마음이 편하지 않았어. 그때 내 마음이 어땠는지 한번 들어볼래?"

"그래, 얘기해봐."

"많은 엄마들이 애들한테 학교 들어가기 전에 한글을 가르치려 하잖아. 꼬맹이들 앉혀놓고 단어카드도 보여주고 한글교재도 시키고 말이야. 그럴 때 아이가 진심으로 흥미를 느끼며 '우와! 정말 재미있다!' 하고 집중할 수 있는 시간이 얼마나 되는 것 같아?"

"글쎄? 달님이 같은 경우엔 자기가 재밌어서 할 때는 30분이고 한 시간이고 집중하는 것 같은데?"

"한 시간 동안이나? 내가 지금 말하는 것은 아이가 놀이터에 뛰어갈 때처럼, 풀숲에서 폴짝 뛰는 개구리를 발견했을 때처럼, 너무 재미있고 계속 하고 싶다는 에너지로 집중할 때를 얘기하는 거야. 그럴 때는 엄마가 옆에 있는지 없는지도 의식하지 않을 정도로 완전히 정신이 팔려버리잖아. 하지만 내가 아이들을 본 경험으로는 아이들이 그 정도의 집중력을 발휘할 수 있는 건 보통 5분 이내? 길어도 10분을 넘기기는 어려운 것 같아. 보통은 그 정도 시간이 지나면 처음의 흥미를 잃어버리고 다시 엄마에게 되돌아오기 마련이지."

"예전에 나한테 한글 배울 때 보면 30분도 넘게 혼자서 카드를 들여다봤었는데?"

"정말 흥미를 느껴서 그랬을 수도 있겠지. 하지만 내 생각에 그런 경우는 그리 흔하지 않은 거 같아. 정말 단어카드가 재미있어서라기보다는 다른 이유 때문에 그랬던 게 아닐까?

이를테면 엄마를 기쁘게 하고 칭찬받고 싶어서 그럴 수도 있겠지. 이런 경우라면 순수한 호기심으로 온 마음을 다해서 집중하는 것과는 전혀 다른 거야. 요즘 달님이를 보면, 어떤 일을 할 때 엄마한테 칭찬받기 위해 하는 게 보일 때가 있어. 그 일을 다 하고 나면 꼭 엄마에게 검사해달라고 하고, 점수를 써달라고 하는 모습을 보면 알 수 있지. 아이들이 정말 스스로 좋아하는 일을 할 때에는 검사받는 것 따위엔 관심이 없거든."

"순수한 호기심이든, 엄마에게 칭찬받고 싶은 마음이든 즐겁게 글자만 배우면 되는 거 아니야?"

"아니, 그렇지 않아. 상이나 칭찬을 받기 위해 공부를 해 버릇한 아이는 그 달콤한 맛에 중독되어 그것 없이는 공부하는 재미를 느낄 수 없는 아이가 되어버려. 세상에 대한 호기심을 공부를 통해 채워갈 때 느껴지는 그 짜릿한 즐거움을 누릴 기회를 빼앗기는 셈이지. 엄마 입장에서는 아이를 칭찬에 중독시켜버리면 그다음부터는 칭찬을 무기 삼아 아이를 자기 마음대로 할 수 있게 되니 편할 수도 있겠지. 하지만 그것은 엄마의 욕심으로 아이를 노예로 길들여버리는 것이나 다름없어. 아이가 어른이 되어서도 학문에 대한 순수한 호기심으로 늘 책을 가까이하고 공부를 즐기며 스스로 발전해나가는 사람이 될 수 있는 발판을 엄마가 스스로 치워버리는 거야.

공부를 즐기는 아이가 되기를 원한다면 아이가 무언가에 흥미를 느끼는 바로 그 순간에 아이의 행동을 방해하지 않는 것부터 시작해야 해. 그러기 위해서는 평소에 아이의 행동을 주의 깊게 지켜볼 필요가 있겠지. 아이가 무언가에 흥미를 느끼고 집중하기 시작했다면 그냥 조용히 바라봐줘. 팔 걷어붙이고 도와줄 필요도 없어. 괜히 어른의 욕심으로 기껏 아이에게 일어난 흥미를 잃어버리게 만들 수도 있으니까 말이야. 진정한 학습은 엄마가 원할 때가 아니라 아이가 원할 때에만 이루어질 수 있는 거야."

재미있어서 공부하는 아이

아, 햇님이가 글자에 흥미를 느끼는 순간 나는 그걸 방해했던 것이구나. 아차 하는 생각이 드는 한편, 남편은 이야기를 계속했다.

"산책 중에 놀이터를 발견하고 달려가는 아이는 칭찬을 받으려는 게 아니잖아. 나비를 발견하고 쫓아가는 것, 죽은 지렁이를 옮기는 개미를 한참 쳐다보는 것, 모래놀이를 하며 열심히 땅을 파는 것도 칭찬받으려고 하는 것이 아니야. '재미있으니까' 하는 것이지. 그런 것들이 바로 학문적 순수한 호기심, 세상에 대해서 알고 싶은 마음들이라고 생각해. 거기서 자신의 '의지'가 나오는 거야. 누군가가 '너는 이런 의지를 가져야 한다'고 강요해서는 얻을 수 없는, 진짜 자신 안에서 솟아나는 의지 말이야. 아이들의 경우 개미가 너무 궁금하면 끝없이 개미를 쳐다볼 수 있어. 어른들에겐 힘든 일이지만 아이들에겐 쉬운 일이야. 세상을 잊고 호기심에 푹 잠기는 일 말이야.

그게 바로 공부지. 어른이 유도해서 시키는 공부가 몇 퍼센트나 아이들에게 흡수가 되겠어. 오히려 엄마가 바라는 것과는 반대의 효과만 가져올 뿐이야. 공부는 '하기 싫은 것, 힘든 것, 재미없는 것. 하지만 엄마의 사랑을 얻으려면 어쩔 수 없이 참고 해야 하는 것, 나중에 돈 많이 벌려면 어쩔 수 없이 해야 하는 것'이라고 생각하게 되지.

당신도 느끼겠지만 지금 햇님이는 한창 글씨가 궁금한 때야. 그래서 동화책을 봐도 예전처럼 그림만 보지 않고 뚫어져라 글씨를 보며 자기 나름대로 궁리해서 읽어보고 엄마에게 확인해보고 하잖아? 그럴 때 보이는 집중력은 누가 강요해서는 절대로 이루어질 수 없어. 순수하게 자기 마음속에서 솟아나는 호기심과 의지로만 가능한 일이지.

모음 자음을 배워 구조라도 알면 좀 쉽겠지만 햇님이는 그조차도 전혀 배운 적이 없으니까 완전 외계어처럼 보이지 않겠어? 순전히 글자의 모양만 가지고 판독해야 하니 얼마나 어려운 일이겠어. 그런데도 어렵다고 던져버리지 않고 이맛살까지 찌푸려가며 글씨의 구조를 파악하려고 애쓰는 모습을 봐. 아이들은 한번 흥미를 느끼면 어른과는 달리 아무리 어렵고 복잡한 일이라도 완전히 몰입할 수 있는 힘을 갖고 있어. 그것이 아이가 지금까지와는 다른 사람이 된 것을 스스로 느끼게 해주거든. 글씨를 모르는 아이에서 아는 아이로 말이야. 그것도 순수하게 자기 노력으로 그렇게 되어가니 얼마나 신이 나겠어.

갓 태어난 아이가 늘 누워 있다가 뒤집기 시작하고, 배밀이를 하다가 기고, 그러다 걷고. 아이들은 이미 지금까지 매 순간 도전하고 실패하고 또 도전해서 자신을 성장시켜 왔어. 신체발달에 대해서는 비교적 크게 조바심을 내지 않는데, 이상하게 지적 발달에 대해서는 조바심을 내는 부모가 많아. 자신이 이끌어주고 교육해주어야 한다고 생각하는 거지.

그런데 그렇게 외부의 힘이 끼어든 순간 아이들의 자연스러운 호기심은 쉽게 망가져. 지적인 발달 또한 신체의 발달과 똑같이 적절한 때와 순서가 있고 그때를 가장 잘 알고 있는 것은 바로 아이들 자신이야. 그때에 맞추어 접하는 지식은 마치 스펀지를 만난 물처럼 순식간에 아이들에게 흡수되지. 하지만 때를 고려하지 않고 무작정 주입하는 지식은 흡수도 잘 안 될뿐더러 억지로 흡수시키더라도 심각한 부작용을 가져올 수밖에 없어. 바로 공부를 싫어하는 아이가 되어버리는 부작용 말이야."

답을 찾아냈다는 희열

"아까 선생님이 '자기 이름 있는 자리에 앉으세요'라는 말을 했을 때 그 말을 들은 햇님이의 눈에는 의지가 가득 차 있었어. 인공적으로 절대 만들어 넣어줄 수 없는 천연의 보석과도 같은 의지 말이야. 햇님이는 바로 그 의지로 일어난 거야. 그리고 열심히 돌아다니며 이름표를 찬찬히 들여다봤어. 그 정도로 아이를 몰입하게 하려면 인위적으로는 불가능해. 아이를 아무리 꾀어도 그렇게는 할 수 없어. 그 순간은 우리가 쉽게 만들어줄 수 없는 거였어. 시간과 공간과 구성원, 또 다른 많은 요인들이 하나가 되어 우연히 만들어진 순간이었어. 그런데 그때 엄마가 '여기가 네 자리야' 하는 순간에 햇님이의 눈에서 의지가 사라지는 것을 보았어. 자기 이름을 자기 스스로의 힘으로 찾아내려던 그 의지가 말이야.

비슷한 예로, 셋째 별님이가 신발을 막 벗으려고 할 때, 그것도 별님이에겐 굉장한 과업이란 말이야. 아기에서 어린이로 한 단계 성장하는 데 있어서 반드시 거쳐야 하는 과정이잖아. 예전엔 엄두도 내지 못하던 일인데 요즘은 어쩐지 좀 노력해보면 될 것 같으니까 신발을 혼자 벗어보려고 해. 자기도 누나나 형처럼 혼자 해보고 싶었거든. 그 순간에 완전히 몰입해서 어떻게 하면 신발을 벗을 수 있을까 막 연구하고 이래저래 해보고 있는데, 누가 와서

'어린 게 혼자 고생하네? 하고 순식간에 벗겨줘버린다고 생각해 봐. 별님이의 불타오르던 의지는 숯불에 물 끼얹은 것처럼 연기밖에 안 남게 될 거야. 별님인 그래도 의사표현이 분명하니까 그럴 때 울고불고 화내면서 다시 신발 신겨달라고 한 뒤 다시 혼자 벗어보려고 했겠지만, 햇님인 성격도 순한 데다 이미 자기 이름표가 어디에 있는지 알아버려서 다시 처음부터 시작할 수도 없는 노릇이니 엄마가 알려주는 대로 그냥 순순히 자리에 앉았어.

당신이 마지막에 자리를 알려주지 않았다면 시간은 좀 걸렸을지 모르지만 햇님이는 스스로의 힘으로 자기 이름을 찾는 순간 '아 여기다!' 하는 희열을 느끼고 자랑스럽고 신나는 표정을 지을 수 있었을 거야. 물론 시행착오를 겪었을 수도 있어. 남의 자리에 가서 앉을 수도 있지. 그럼 그때 가서 '이게 네 이름이 맞니?' 하면 눈치 채고 다시 일어났을 거야. 그리고 또 진짜 자기 이름을 찾으러 다녔을 거고.

자신의 의지와 노력으로 답을 찾아내었을 때의 희열을 맛본 아이들은 공부를 좋아할 수밖에 없어. 제 힘으로 해낸 것이잖아. 스스로 노력을 통해 모르던 것을 알아내는 순간의 기쁨이 얼마나 큰지를 몸으로 경험했으니까 공부를 즐길 수밖에 없지. 이런 건 정말 자주오지 않는 기회야. 그 한순간의 경험이 학문이라는 거대한 세계와 연결이 돼. 학문을 대하는 자세가 달라지는 것이지. 능동적으로 지식을 탐구하느냐, 수동적으로 남이 넣어주는 지식만을 기다리느냐. 바로 아이의 인생이 달라지는 순간이라고 나는 생각해.

그래서 그 순간에 당신을 제지할 수밖에 없었던 거야. 당신 입장에선 이런 내가 너무 민감하다고 느끼고 피곤함을 느낄 수도 있을 것 같아. 그런 점에서는 미안해. 다른 사람들 앞에서 부끄러울 수도 있는 입장을 충분히 배려하지 못한 것도 미안하고."

남편의 이야기를 다 듣고 나서 나는 이렇게 대답했다.

"당신 이야기를 듣고 나니까 이제 이해가 돼. 화내서 미안해. 그리고 햇님이에게 미안하네. 진짜. 하지만 당신이 아는 만큼 내가 알지는 못해. 보고 느끼는 것도 훨씬 못하고. 당신 머릿속을 내가 들여다볼 수 있는 것도 아니니까 잘 알려줬으면 좋겠어. 오늘처럼 설명해주면 돼. 그러면 내가 배울게. 아이를 위한 거니까."

엄마의 욕심은 내려놓고

예전에 읽은 유대인교육과 관련한 책에 아이들에게 '앎'의 기쁨을 누리게 해주라는 구절이 있었다. 유대인들은 처음 아이가 지식을 습득해 즐거워할 때 입에 꿀을 한 스푼 넣어준다고 한다. 앎의 기쁨은 꿀맛이라는 것일까. 일상에서 나는 아이들이 호기심을 가지고 무언가 알아가려고 하는 기회를 어른의 입장만 고려하며 차단시켜버렸던 것 같다. 아이가 다칠까 봐, 치우고 씻기기 귀찮아서, 내 할 일 바빠서, 남들이 보면 창피할까 봐…. 이런 이유들 때문에 말이다.

달님이가 기어 다닐 무렵, 한창 호기심에 모든 게 다 입으로 들어갈 때, 난 여느 어른들처럼 달님이에게 "지지!"를 외치며 만지지 못하게 했었다. 하지만 그것을 본 남편에게, 회복이 어려울 정도로 크게 다칠 위험이 있거나 남에게 해를 끼치지만 않는 일이라면 되도록 아이의 호기심을 방해하지 말아야 한다는 것을 배웠고 되도록 그렇게 하려고 노력했다. 그런데 아이가 어느 정도 크고 나니 이제는 '학습'에 대한 욕심이 자꾸 생겼다. 그래서 아이를 더 적극적으로 이끌어주어야 할 것 같고, 호기심을 보인다 싶으면 곧바로 학습으로 연결시켜야 할 것 같은 마음에 내가 먼저 팔을 걷어붙이고 나서는 일이 자꾸 생겼다. 내 욕심으로 하는 행위가 겨우 불붙기 시작한 아이의 호기심과 의지를 오히려 꺼버리는 일이 될 수도 있다는 걸 생각하지 않고 말이다.

나의 작은 행동 하나하나가 앞으로 펼쳐질 아이의 모든 삶에 중요한 영향을 끼친다는 사실은, 차라리 몰랐을 때가 마음이 편했던 것 같다. 그러면 예전에 내가 했던 행동들을 돌아보면서 후회할 일도 없었을 테니까 말이다. 이렇게 나 자신이 미워지는 일들이 앞으로는 일어나지 않게 하려면 수없이 시도하고 돌아보면서 나를 진정으로 변화시켜가는 시간을 가져야 한다. 아이를 키워온 지난 7년 동안만큼, 앞으로도 곱절의 세월 동안 더 깊고 성장해가는 내가 되길 바라본다.

모든 아이에게는
그런 순간이 있다

인도 의료봉사에 달님이를 데리고 다녀온 적이 있습니다. 공항에서
대기하고 있을 때 달님이가 면세점에서 본 시계를 갖고 싶다고 하더
군요. 그때 저는 아이의 마음속에 단순히 시계라는 물건을 갖고 싶다
는 욕망과는 별개로 신기한 물건에 대한 호기심이 가득 차 있는 것을
느꼈습니다. 아이의 마음속에서 자발적으로 솟아오른 호기심을 말이
지요. 그 순간을 배움의 순간으로 연결해주고 싶어 시계 읽는 법을
가르쳐주자 달님이는 예상대로 굉장한 집중력을 발휘했습니다. 환승
비행기를 기다리는 그 짧은 시간 동안 시계를 읽는 법을 완벽히 익혔
으니까요. 결국 달님이는 원하던 시계를 가질 수 있게 되었습니다.
이것이 가능했던 것은 아마 그 순간 아이의 마음이 시간을 알려주는
시계의 신기한 기능에 대한 호기심과 흥미로 가득 차 있었기 때문일
것입니다. 만약 그게 아니라 단지 예쁜 물건을 갖고 싶어 하는 마음

에만 정신이 팔렸다면 금세 배움에 대한 흥미를 잃고 단념하거나 떼를 부렸을 테지요. 시계를 보는 연습을 하는 내내 달님이는 마치 즐거운 놀이를 하듯 신이 나 있었습니다.

혹시 아이들이 흥미를 느끼는 대상이 나타나지 않거나, 그런 기회가 오지 않을까 봐 걱정되시나요? 그런 걱정은 하지 않아도 됩니다. 아이들이란 세상에 대한 호기심과 의지로 가득 찬 존재들입니다. 설사 자폐증을 가진 아이라 하더라도 말이지요. 동물의 새끼들만 봐도 호기심에 똘똘 뭉쳐 겁 없이 주변 세상을 탐험하고 다니는데, 하물며 사람의 아이들은 말할 것도 없습니다.

다만 아이가 무언가에 흥미를 느끼고 그것을 탐구하려고 하는 순간 부모가 이를 알아차리지 못하거나 무시하고 넘어갔기 때문에 그렇게 느껴질 뿐입니다. 그런 경우는 대개 아이가 흥미를 느끼는 대상과 부모 입장에서 아이가 흥미를 느꼈으면 하는 대상이 일치하지 않을 때 일어납니다. 아이가 학습에 흥미를 느끼지 않는다고 느껴진다면, 지금 아이가 흥미를 느끼고 있는 것이 무엇인지 살펴보세요. 그 대상이 무엇이든 간에 그것이 바로 지금 이 순간 가장 소중한 학습의 대상입니다.

아이의 수준을
이해해주기

달님이가 초등학교 1학년 겨울방학 때의 일이다. 추운 날씨에
나가 놀지도 못하고 답답해하던 차에 집 근처 대안학교에서 일반
초등학교 학생들을 위한 일주일간의 프로그램을 마련하였기에 동
네 친구들과 함께 신청했다. 첫 수업에 다녀온 달님이는 "엄마! 거
긴 학곤데 학교가 아니야! 너무 재미있어!"라고 했고, 다음 날부
터 아침 일찍 일어나 학교에 갔다가 해가 질 때 친구들과 놀다 들
어왔다. 그런데 마지막 날이 되니 그동안 너무 신나게 노느라 피
곤하고 지쳤는지 달님이가 늦잠을 잔다.

"달님아. 일어나. 늦겠다."

때마침 폭설이 내려 눈썰매를 탈 예정이니 여벌옷과 방한용품

을 챙겨 보내달라는 대안학교 선생님의 문자가 왔다. 나는 달님이의 책가방에 준비물을 챙겨 넣으며 말했다.

"달님아! 옷 젖으면 갈아입어."

달님인 이불 속에서 눈을 게슴츠레 뜨고 미동이 없었다. 햇님이와 별님이 등원 준비를 하느라 바쁘게 움직이고 있는데 남편이 부른다.

"여보오오."

가보니 두 팔을 벌려 날 안으려고 한다.

"이상하네. 목소리는 뭔가 한 말씀 하시려는 것 같은데 왜 안아달라고 해?" 하며 일단 남편 품에 안겼다. 그러자 남편은 조심스럽게 말을 이어나갔다.

직접 눈으로 보여주면서

"당신은 이럴 때 보면 참 눈치가 빨라. 그런데 조금 전에 달님이한테 뭐라고 얘기했던 거야?"

"응? 달님이가 학교에서 썰매를 탄다기에 여벌옷을 가방에 넣었다고 말했는데?"

"그래. 그러니까 달님이한테 어떻게 얘기했어? 뭐 젖으면 어쩌고 했던 거 같은데?"

"응 맞아. '젖으면 갈아입어' 했어."

"혹시 당신이 책가방에 여벌옷을 넣어주는 모습을 달님이가 봤어?"

"글쎄? 달님이는 이불 속에 있어서 못 봤을 텐데?"

"그래서 내가 불렀어. 당신."

"왜? 해주고 싶은 이야기가 있어?"

"응. 아이들은 생각하는 것 이상으로 영특하게 행동할 때가 많지만 그렇지 않은 경우도 있다는 걸 키우다 보면 자주 잊게 되는 것 같아. 방금 같은 경우가 그런 거지. 만약 어른인 내가 잠결에 '옷 젖으면 갈아입어'라는 소리를 들었다면 아마 '아내가 무엇인가 챙겼구나' 하고 어렴풋이 짐작했을 거야. 그것이 필요한 때가 되면 '아까 아내가 뭐라 뭐라 했던 것 같은데' 하며 가방을 뒤적뒤적하겠지. 그게 보통 어른들의 수준에서 예상할 수 있는 결과야. 하지만 아이들은 달라.

우리가 쓰는 언어라는 것은 실재하는 세계를 추상적인 음성기호로 표현한 거야. 입술을 움직여서 '사과'라는 말을 할 때 나는 '소리'는 붉은색 껍질을 가진 둥글둥글한 나무 열매와는 실제로 아무런 관련이 없다는 말이지. 우리가 '말룸'이라는 말을 통해 사과를 떠올릴 수 없는 것과 같은 이치야('말룸'은 라틴어로 사과를 뜻한다).

따라서 이렇게 아무런 관련이 없는 것을 서로 연관 지어 생각하기 위해서는 고도의 사고능력이 필요해. 사과는 그나마 모양이 일정한 편이지만 가령 '바위'나 '과일' 같은 것은 그 대상을 정확히 보여주기 어렵기 때문에 훨씬 더 떠올리기가 어렵지.

당신이 방금 딸님이에게 말을 할 때 사용한 '옷'이라는 소리도 사실은 진짜 '옷'과는 아무런 관련성이 없는 음성기호일 뿐이야. 혀의 움직임에 따라 만들어진 일종의 잡음에 불과한 셈이지. 그래서 아직 추상적 사고능력이 충분히 발달하지 않은 아이들에게 '옷'이라는 소리를 듣고 그것을 특정한 형태를 가진 물건의 형상으로 번역해서 머릿속에 집어넣는 것은 생각만큼 쉬운 일이 아니야. '청각적 감각 자극'을 '시각적인 감각 형태'로 번역해야 하거든. 그런데 실제의 옷을 눈앞에 보여주면서 그 말을 하면? 그런 복잡한 번역작업이 필요 없기 때문에 곧바로 머릿속에 입력시킬 수가 있지.

그런데 아이가 직접 눈으로 보지 않아서 엄마의 말과 가방 속의 옷을 연결 짓지 못해 아이가 옷을 찾아 갈아입지 못했을 때 보통 엄마들은 아이가 산만하고 덜렁거려서 옷을 찾지 못했다고 생각하고는 아이 탓을 하는 경우가 많아. 엄마 입장에선 충분히 설명했다고 생각하는 거지.

나 어렸을 때 비슷한 경험이 있었어. 초등학교에서 소풍을 간

날이었는데, 날씨가 더워서 너무 목이 말랐지만 마실 물이 없어서 참고 견뎌야만 했지. 그런데 집에 와서 어머니께 그 얘기를 했더니 '가방 안에 물 넣어놨다고 했잖아, 못 들었어?'라고 하시는 거야. 그래서 '어? 도시락 꺼낼 때 보니까 없던데요?'라고 했더니 '왜 없어! 가방 안에 있지!' 하시며 가방을 열고 가방 밑바닥에 누워 있는 물병을 꺼내 드셨어. 난 당황스러웠어. 처음 보는 물병이었거든. 아직 어려서 추상적 사고능력이 부족했던 나는 어머니께서 말씀하신 '물'이라는 단어를 처음 보는 그 물병과 연결 지을 능력이 부족했기 때문에 목이 말라 물을 찾으면서도 그 물병을 눈여겨보지 못한 거야. 어머니께선 안타까워하며 한 말씀 더 하셨어. '에그. 덜렁거리지 말고 조금 더 찾아보지.' 그때는 나 역시도 아무것도 몰랐기 때문에 어머니의 의견을 그대로 받아들여서 나 자신을 덜렁거리고 산만한 애라고밖에 생각할 수 없었지. 근데 이 얘기 어디서 많이 들어본 것 같지 않아?"

맞다. 사실 그랬다. 바로 며칠 전에도 학교도서관 책 반납 때문에 화장실에 있는 달님이에게 소리쳤다.

"달님아! 책가방에 대여도서 있는 거 오늘은 꼭 반납해야 해!"

화장실에 있던 달님이는 분명히 알았다고 대답을 했는데, 하교 시간이 한참이 지나도 안 나타나더니 학교 공중전화로 전화가 왔다.

"엄마! 반납할 책이 책가방에 없어요!"

"뭐라고? 그럴 리가! 엄마가 진짜로 가방에 넣었어. 잘 찾아 봐!"

"아니에요. 내가 많이 찾아봤는데 없어요."

"책이 얇아서 안 보일 수도 있어. 교과서나 노트들 사이에 끼어 있나 잘 봐봐."

"어! 그러네! 여기 있어요! 히히."

어떤 상황인지 눈에 그려졌다. 달님이는 가방을 열어봤는데 책이 한눈에 안 보이니 나름대로 가방을 뒤적이다 포기하고 전화를 했을 것이다. 아마 달님이가 보는 앞에서 내가 가방에 책을 넣었거나, 넣고 나서 가방을 벌려 책이 여기 있다는 것을 확인시켜줬다면 그 안에 책이 있다는 걸 분명히 알기 때문에 더 주의 깊게 책을 찾았을 것이다. 책을 넣었는지 안 넣었는지 자신의 눈으로 보지 못한 상황에서 엄마가 "책가방에 있는 책 반납해"라고 하는 것을 '소리'로만 들은 달님이는 그 안에 책이 있다는 확신이 없었기에 쉽게 포기하고 만 것이었다.

가만히 생각해보니 이런 일이 한두 번이 아니다. 그때마다 나는 그랬던 것 같다.

"아이고 그걸 왜 못 찾았어? 조금만 더 찾아보지."

"당연히 엄마가 챙겨놨지. 안 그랬을 거 같았어?"

"엄마가 아침에 얘기했었잖아. 기억 안 났어?"

그때마다 멋쩍은 웃음을 짓는 달님이었는데…. 가만히 생각해
보니 내 할 일이 바빠 아이의 상태는 확인하지 않고 흘리듯 말했
던 것들이 대부분이었다. 엄마가 처음부터 못 알아듣게 말해놓고
애꿎은 아이를 산만하고 덜렁거리는 애 취급을 했으니 달님이 마
음은 어땠을까?

산만해서 그런 건 아니에요

그다음에도 비슷한 일이 있었다. 다섯 살 햇님이와 함께 생활용
품점에 갔다. 내가 수납용품을 고르는 동안 햇님인 장난감을 구경
하고 싶어 했다. 이전에도 내가 장을 보는 동안 장난감을 구경하
며 잘 기다렸던 햇님이었기에 "여기서 잠깐 놀고 있어. 엄마는 저
끝에서 바구니 좀 보고 있을게!"라고 말하고는 물건을 고르러 갔
다. 너무 오래 떨어져 있으면 불안할 것 같아서 중간에 두어 번 장
난감 코너로 돌아와서 얼굴도장을 찍고 아이를 안심시켜주었다.
구입할 바구니를 고르고 나서 마지막에 계산하러 가는 길에 햇님
이를 불렀는데 햇님이는 나를 쳐다보고도 장난감 구경을 멈추지
않았다. 햇님이가 그 자리에서 좀 더 놀 거라고 생각한 나는 물건

하나를 더 고르러 다시 매장 뒤편으로 갔다가 돌아왔다. 그런데 장난감 코너에서 햇님이가 혼자 서서 울고 있는 것이다.

"아니. 햇님아, 왜 울어? 엄마 여기 있어."

"흑흑. 엄마가 없어서. 흑흑."

"왜 그래~. 엄마가 방금 전에도 얼굴 보고 갔잖아."

"흑흑. 엄마가 나 놔두고 나간 줄 알았어. 흑흑."

"무슨 소리야. 엄마가 햇님일 놔두고 나갈 것 같았어?"

"응. 흑흑. 놔두고 간 줄 알았어. 흑흑."

내 입장에서 보면 정말 말도 안 되는 소리이다. 그런데 아이의 입장에서는 엄마가 자신을 놔두고 가버리는 것이 가능한 일인가 보다. 햇님이는 엄마가 계산대 방향으로 가는 것을 마지막으로 봤고, 다시 고개를 들었을 때 엄마가 안 보였으니 계산을 마치고 밖으로 나갔다고 생각했던 것 같다. 입구 쪽에 있던 엄마가 다시 물건을 고르러 안으로 들어왔을 수도 있다고 추측할 수 있는 능력이 다섯 살 아이에겐 없다는 것을 간과했다. 그날 햇님이의 눈물은 아이의 능력을 고려치 않은 나로 인해 흘린 것이었다.

햇님이에게 엄마는 저 뒤쪽으로 다녀오겠다고 분명히 이야기하고 그쪽으로 가는 모습을 아이에게 보여주었어야 했다. 어른에 비해 부족할 수밖에 없는 아이의 사고능력을 항상 염두에 두는 엄마였다면 아이가 알아듣고 상황을 예측할 수 있게 그리 했을 것이다. 하지만 나는 우는 아이에게 "설마 엄마가 널 버리고 가겠니" 하며 안고 달래는 것밖에 도리가 없는, 아직도 한참은 부족한 엄마이다.

요즘은 달님이가 가방 안의 물건을 못 찾아서 공중전화로 전화하는 일이 줄어들었다. 챙겨줘야 하는 준비물이 있을 땐 아이 눈앞에서 챙기는 것을 보여준다. 교실 이동이나 시간 변동 같은 유의해야 할 내용이 있을 땐 메모지에 적어 눈으로 확인시켜주고 알림장에 붙여준다. 내가 아이의 능력을 고려하지 않고 내 중심으로 생각했을 때 어떤 일들이 벌어지는지 경험을 통해 알게 되었기 때문이다. 이렇게 내가 한 번 더 생각하고 조심하다 보니 아이들도 스스로를 '산만하고 덜렁거리는 애'라고 생각하며 자존감에 상처를 입는 일이 줄어드는 것 같다.

아이 입장에서
느끼기

우리는 학교에서 영어를 배우긴 했지만 대개 능숙하게 사용하지는

못합니다. 그런데 미국에 가서 공항직원이 영어로 엄청 빠르게 말을

해서 우리가 못 알아들었다고 해봅시다. 만약 영어 실력이 부족해도

공항직원이 말을 할 때 눈앞에 여권을 보여주었다면 적어도 그 말이

여권을 보여달라는 말인지 쉽지 알아챌 수 있지 않았을까요?

아이의 경우에도 마찬가지입니다. 앞에서 이야기했듯 아이는 아직

아무 관련이 없는 것들(청각적 자극과 시각적 자극)을 서로 연관 지

어 생각하는 데 미숙합니다. 그렇기에 아직 발달되지 않은 아이의 능

력을 충분히 고려해주어야 하는 것입니다.

부모는 어떤 경우라도 아이의 입장에서 먼저 생각할 수 있어야 합니다.

이것은 저절로 이루어지지 않기 때문에 연습이 필요합니다. 그 연습의 첫 단계는 '내가 지금 아이의 입장에서 생각하지 않고 있음을 그 순간에 알아차리는 것'입니다. 충분한 연습을 통하여 이것이 익숙해졌을 때에만 비로소 그다음 단계인 '아이의 입장에서 느끼고 생각하기'로 나아갈 수 있습니다.

아이가 감정을
차단할 때

새 학기가 시작되었다. 초등학교 2학년이 된 달님이는 1학년 때
와 마찬가지로 늘 함께하던 동네친구들과 즐겁게 어울리고 있다.
하굣길에 학교 운동장에서 놀다 오기도 하고 친구 집에서 저녁 먹
고 귀가하겠다는 전화가 오기도 한다.

그날은 달님이가 집에 올 때가 됐는데 소식이 없었다. 집 근처에서
놀고 있으려니 하며 기다리는데 달님이가 옆 반 성윤이와 성윤 엄마
와 함께 집에 들어왔다. 성윤 엄마가 늦은 사정을 설명해주셨다.

"민준이가 좀 전에 이 앞에서 놀다가 미끄러지면서 바위에 머리
를 부딪쳤어요. 머리와 옷이 모두 젖을 정도로 출혈이 심해 119 불
러 응급실로 갔는데 달님이와 성윤이가 옆에서 보고 놀랐는지 많

이 울었었어요. 지금은 좀 진정된 것 같네요."

친구를 위한 달님이의 마음

민준이는 앞집 아이이다. 앞집과는 거의 현관문을 열어놓고 지
내는 사이로, 평일이고 주말이고 잠들기 전까지 내복바람으로 서
로의 집을 오가는 가족 같은 사이이다. 그런 친구가 크게 다쳐 피
를 흘리고 구급차에 실려 갔다니, 나도 심장이 벌렁거리는데 아이
들은 옆에서 얼마나 놀랐을까 싶다.

"달님아! 많이 놀랐지? 민준이는 병원에 바로 갔으니 걱정 안
해도 될 거야" 하며 달님이를 꼭 안아주었다. 그런데 달님이는 생
각보다 꽤 괜찮아 보였다. 걱정하는 기색도 없었고 나에게 대충
안겨 있다가 민준이가 남기고 간 책가방을 신발장 위에 올려놓더
니, 자기 책상으로 가 아침에 만들다 만 글라스데코(젤리 같은 물
감으로 모양을 그리고 말려서 유리창에 붙이는 문구류)를 하는 데 골
몰한다. 그런 달님이의 뒷모습을 보며 '많이 놀랐을 텐데 그래도
아이라서 금방 잊어버리고 자기 할 일을 하는구나' 싶었다. 그렇
게 한참을 앉아 글라스데코를 만들던 달님이는 자신이 아끼던 메
모지를 들고 와 편지를 쓰기 시작했다. 그리고 아끼던 리본끈으로

편지와 글라스데코를 민준이의 책가방에 한데 묶기 시작했다.

달님이가 민준이의 가방에 묶어 준 글라스데코는 달님이가 가진 모양 중 가장 크고 멋진 독수리모양이었다. 전부터 민준이가 그것을 갖고 싶어 했고 달님이는 언젠가 완성해서 주겠다고 약속했던 것 같다. 독수리를 좋아하는 민준이는 달님이가 그 독수리모양에 색을 채워 넣어 완성하기를 기다렸던 기억이 난다. 달님인 그 독수리와 편지를 리본끈으로 민준이의 책가방에 묶고 나서 나를 돌아보았다.

"엄마! 지금 이 책가방 민준이네 집에 갖다 놓을래요."

"왜? 민준이네 집에 아무도 없어 지금. 다들 병원에 가셨잖아."

"그래도 갖다 놓을래요. 문에 걸어두면 되잖아요."

말을 마치자마자 달님이는 현관문을 열고 나가려 했다. 나는 달님이를 말렸다. 사정이 급해 맡겨 둔 책가방을 그렇게 문 앞에 덜렁 걸어놓으면 잃어버릴 수도 있고, 무엇보다도 예의에 어긋난다는 생각이 들었기 때문이다. 조금 있으면 민준이네 식구들이 오니까 그때 가져다주면 된다고 이야기했다. 그런데 그때까지 차분하던 달님이의 얼굴이 갑자기 울그락불그락해지더니 곧 눈물이 쏟아질 것 같았다. 아니 멀쩡하던 달님이가 갑자기 왜 이러지?

아이가 충격을 받았다면

그때 남편이 달님이에게 다가가 안아주며 물었다.

"달님이는 민준이가 많이 걱정되는 모양이구나? 어떻게든 도움이 되고 싶은가 보네?"

그제야 달님이는 아빠 품에 안겨 한참을 울었다. 민준이가 죽을지도 모른다고. 머리에서 피가 정말 많이 났다고. 머리가 깨져도 살 수 있는 것이 맞느냐며 목 놓아 울었다. 달님이가 민준이의 책가방에 달아놓은 편지엔 이렇게 쓰여 있었다.

"민준아, 너 괜찮아? 이 독수리 글라스데코 받고 죽지 않길 바라! 달님이가."

나는 그제야 달님이가 겉으로 보였던 모습과 달리 정말 많이 놀라고 무서워하고 있었다는 것을 알았다. 달님이는 친구가 죽을지도 모른다는 생각에 자신이 할 수 있는 최선을 다해 응원을 하고 싶었던 것이고 그 마음이 빨리 전해지길 바랐기에 엄마의 만류에도 불구하고 책가방을 아무도 없는 집 현관에라도 걸어놓고 싶었던 것이었다.

책가방을 잃어버릴 수 있다는 염려나 맡겨둔 물건을 덜렁 현관에 걸어놓는 것이 예의에 어긋날 수도 있다는 걱정은 그런 달님이의 마음을 전혀 염두에 두지 않은 순전히 내 중심의 생각이었던 것이다. 혼자 자책하는 표정으로 멍하니 앉아 있으니 남편이 위로를 해준다.

"여보. 아까 달님이가 책가방을 문 앞에 걸어놓겠다고 해서 갑자기 당황스러웠지? 난 당신이 아까 달님이를 안아주면서 놀라고 걱정했을 마음을 위로해주기에 달님이가 왜 책가방을 빈 집에 갖다 놓으려 하는지도 알 거라 생각했는데 그 이유까지는 눈치 채지 못했던 것 같네?"

"응. 난 오히려 달님이가 내가 위로하는데도 시큰둥하게 있다가 금세 뭔가에 골몰하는 모습을 보고 생각만큼 심하게 놀란 것 같지 않아서 다행이라고 생각했거든."

"성윤 엄마에게 이야기를 전해 듣고 나서 머릿속에서 상황을 상상하여 달님이가 느꼈을 법한 감정을 추측하는 것까지는 당신이 잘 한 것 같아. 그런데 그렇게 머릿속으로 이미 상황 판단을 다 끝내버리고 나니 정작 이 순간 달님이가 실제로 느끼고 있는 감정을 함께 느끼려는 노력을 소홀히 하게 된 것 같네. 내가 머리로 한 추측이 맞는지 확인하려면 반드시 상대방을 잘 보면서 실제의 감정을 느껴야 하거든."

"잘 살펴봤어. 그런데 정말 아무렇지도 않아 보였는데. 당신은 무얼 보고 알아차린 거야?"

"아이가 심한 충격을 당했을 때는 표정만 봐서는 감정을 알 수 없는 경우가 있어. 그럴 때는 아이가 하는 행동을 잘 봐야 해. 달님이가 집 안에 들어오자마자 제일 먼저 한 행동이 뭐였지?"

"글라스데코를 가지고 놀았던 것 같아."

"그런데 달님이가 왜 글라스데코를 가지고 놀았던 거지?"

"처음엔 그냥 노는 줄 알았는데 나중에 보니까 민준이에게 줄 선물을 만들었던데?"

"그래, 달님이는 비록 겉으로는 무심해 보였지만 마음속은 온통 민준이에 대한 걱정으로 가득 차 있었던 거야."

"그래. 난 나중에야 그걸 알았어. 달님이는 다친 민준이를 위해 뭐라도 해주고 싶은데 자기가 할 수 있는 일이 없으니 선물을 만들어 빨리 전해주기라도 하고 싶었던 거구나. 내가 그걸 미처 알아보지 못했어."

아무렇지 않은 게
아니다

정신과 용어 중에 이인화depersonalization, 비현실화derealization라는 용어가 있습니다. 이러한 현상은 극심한 감정적 고통이 밀려올 때 더이상 고통스러운 감정을 느끼는 것을 막기 위해서 스스로를 차단해버릴 때 일어납니다. 따라서 당면한 고통에 무심해 보이는, 즉 아무렇지도 않게 보이는 모습으로 나타납니다. 재난 현장의 피해자처럼 극심한 트라우마 상황에서 이런 현상들이 종종 나타나곤 합니다.

우리는 흔히 아이들이란 감정을 숨기지 않기 때문에 쉽게 감정을 파악할 수 있다고 믿습니다. 그러나 아이들은 정말 극심한 감정적 고통 앞에서는 어른들보다 더 쉽게 감정을 차단해버립니다. 그래서 정말 아무렇지도 않은 것처럼 뛰노는 모습을 보입니다. 어른들은 그런 모습을 보고 아이들이란 원래 천진난만해서 쉽게 고통을 잊는다고 오해하기 쉽습니다. 그러다 보니 정작 아이가 속으로는 극심한 감정적 고통을 겪고 있다는 사실을 모르고 아이의 상태가 괜찮다고 오판하기 쉽습니다.

어린 시절에 겪은 아픈 기억 때문에 정신과 진료실을 찾게 된 어른들의 얘기를 들어봐도 어릴 때 심하게 따돌림을 당하거나 성폭행을 당하는 등의 충격적인 사건을 겪은 경우, 그 당시에 부모님은 이를 알아채지 못했거나 알았더라도 대수롭지 않게 넘겼다고 말하는 경우가 많습니다. 그 이유는 아마도 무심한 부모를 두었기 때문이 아니라 충격을 겪은 아이가 본능적으로 자신의 감정을 차단해버려서 부모로서는 겉으로 보아 아이가 얼마나 힘든지 알 수 없었기 때문일 가능성이 큽니다.

부모가 생각하기에 큰일을 겪은 아이가 아무렇지도 않아 보인다면 안심만 할 게 아니라 더 세심하게 관찰하고 관심을 가져 주세요. 겉으로는 아무렇지도 않아 보이는 아이의 마음속에는 평생 동안 잊지 못할 고통의 씨앗이 자라고 있을 수 있으니까요.

바라보는
연습

우리 집은 세 아이들이 한 방에서 이불을 깔고 잔다. 두 돌 지난 막내 별님이는 아직 엄마를 찾아서 난 보통 별님이가 잠든 것을 확인하고 아이들 방에서 나온다. 소곤대며 언제 잠들까 싶던 달님이와 햇님이는 나중에 들여다보면 어느새 잠들어 있다.

그날은 둘째 햇님이와 셋째 별님이가 먼저 잠이 들었고 나는 눈이 말똥말똥한 달님이에게 잘 자라는 인사를 하고 나왔다. 남편과 나는 서재에서 각자의 일을 하고 있었는데 얼마 지나지 않아 달님이가 문을 두드렸다.

"엄마. 무서워서 잠이 안 와요."

"그래? 뭐가 무서운데?"

"그냥 자꾸 무서운 생각이 들어요. 괴물이나 귀신 같은 게 있을 것 같아요."

"괴물이나 귀신? 달님이는 우리 집에 그런 것들이 있을 것 같아?"

"네. 천장 위에도 있을 것 같고 옷장 안에도 있을 것 같아요."

나는 달님이를 꼭 안아주고 잠자리로 데려갔다. 이불을 턱밑까지 당겨주고는 옆에 앉아 괴물이랑 귀신은 엄마 아빠가 다 먹어치워버렸으니 걱정 말라고 토닥여주고는 방에서 나왔다.

아이들이 어렸을 때 괴물이나 귀신을 무서워하면 남편은 아이들에게 이렇게 말했다.

"뭐! 괴물이라고? 귀신이라고? 그거 어디 있는지 알려줘! 아빠가 괴물 고기를 얼~~마나 좋아하는데! 아빠가 덥석 잡아서! 턱턱턱 썰어서! 지글지글 프라이팬에 구워 먹어야겠다! 아빠 괴물 고기 진짜 좋아해! 엄청 맛있거든!"

"아빠 진짜예요? 아빠가 괴물도 이길 수 있어요?"

"그럼! 아빠가 당연히 이기지!"

이런 대화를 마치고 나면 괴물은 까맣게 잊어버리고는 표정엔 어느새 미소가 번져 있다. 그다음엔 제 할 일을 하거나 잠이 드는 아이들. 그런데 이제 초등학교 1학년인 달님이가 갑자기 괴물 생각이 난다니. 어릴 때 해주던 방식을 쓰기엔 너무 큰 것 같고, 그렇다고 어른처럼 논리적으로 설명해줘도 아이는 계속 무서운 상상을 쫓아가는 듯했다. 그렇게 달님이는 두어 번 서재 문을 두드렸다. 다시 세 번째 노크. 이번엔 바쁘게 일을 하고 있던 남편이 달님이를 돌아보며 이렇게 말했다.

"우리 달님이가 자꾸 무서운 생각이 들어서 잠을 잘 수가 없나 보구나."

"네, 엄마 말대로 귀신은 없다고 생각해봤는데도 자꾸 귀신 생각이 나요."

"그래? 그럼 그럴 때 아빠가 쓰는 방법이 있어.

이제부터는 귀신 생각을 하지 않으려고 노력하지 말고 반대로 계~속 귀신 생각을 해봐. 이렇게 말이야. '귀신은 어떻게 생겼을까? 귀신이 숨어 있다면 어디에 숨어 있을까? 어떤 자세로 숨어 있을까? 어떤 표정을 짓고 있을까? 귀신에게도 엄마 아빠가 있을까? 귀신은 아기일까, 어른일까? 남자일까, 여자일까? 어떤 옷을 입고 있을까? 이런 식으로 계속 귀신 생각만 하는 거야."

"아빠. 무서운 생각을 계속 하면 너무 무섭잖아요."

"달님아. 달님이가 귀신 생각을 하고 있을 때 귀신이 짠! 하고 나타나서 달님이를 덥석 먹어버린 적이 있니?"

"아니요…. 그런 적은 한 번도 없는데 그냥 무섭잖아요."

"이번에도 달님이 아무리 귀신 생각을 열심히 해도 귀신이 실제로 나타나지는 않을 거야. 늘 그랬던 것처럼 말이야. 아빠 믿고 자리에 가 누워서 네가 드는 무서운 생각을 최대한 계속 해봐. 이번에는 '무서운 생각을 하지 말아야지'가 아니라 '계속 무서운 생각을 해야지' 하고 노력하는 거야. 친구 생각도 동화책 생각도 하면 안 돼. 만약 다른 생각이 들면 다시 정신 차리고 귀신만 생각하는 거야. 알겠지?"

달님이는 고개를 갸우뚱하면서 다시 잠자리에 갔다. 그리고 다시 돌아오지 않았다.

도망가려 할수록 끌려간다

나는 남편에게 의문의 눈길을 보냈다.

"당신 왜 달님이에게 무서운 생각을 계속 하라고 그랬어? 난 무서운 것이 없다고 안심을 시키는 방향으로 얘기해왔는데, 혹시 다른 방법이 있는 거야?"

"음. 당신 혹시 분홍 코끼리 이야기 들어봤나 모르겠네. 마음이 어떻게 작용하는지에 대해 설명할 때 잘 인용되는 이야기인데 유명한 얘기야.

강사가 청중에게 이렇게 묻지. '여러분 여기 강의실에 입장한 뒤로 지금까지 분홍 코끼리를 떠올려보신 분 계신가요?' 청중은 아무도 손을 들지 않아. 강사는 그다음에 이렇게 말하지. '자. 그럼 이제부터 이 강의실을 나갈 때까지 분홍 코끼리를 단 한 번도 생각하지 않으려고 노력해보세요!' 그러면 청중들은 모두 웃어. 왜냐면 그럴 수 없다는 것을 모두 알거든. 분홍 코끼리를 생각하지 말아야지 하는 순간 머릿속에 분홍 코끼리가 뿅! 하고 나타나니까."

"하하하하. 정말 그러네?"

"대부분의 사람들은 떠오르는 생각을 자신이 조절할 수 있다고 믿어. 그래서 안 좋은 생각이 들면 '이런 생각하지 말아야지! 이건 나쁜 생각이야!' 하며 자신의 생각을 멈추려고 노력해. 과연 그렇게 해서 생각이 멈춰질까? 아니야. 안 없어져.

예를 들어 불안한 마음이 들었을 때 '불안한 마음을 없애야지'라고 마음을 먹으면 '어? 노력하고 있는데 왜 아직도 불안이 안 없어졌지?'라는 생각이 들고 그럼 자신이 불안을 통제하지 못한다는 사실 때문에 더 불안해지는 거야."

"분홍 코끼리를 잊어버리려고 노력하면 할수록 더 분홍 코끼리를 잊어버릴 수 없는 것처럼?"

"응, 맞아. 가만히 혼자 있어 보면 알 수 있을 거야. 조용한 곳에서 머릿속에 떠오르는 생각과 감정을 느껴봐. 당신이 의식적으로 떠오르게 할 수 있는 건 없어. 잘 느껴보면 알 수 있어."

"내 뇌가 무의식중에 저절로 떠올리는 것을 내가 의식한 후에 그 생각을 이어나가는 거란 얘기지?"

"그렇지. 신경학 실험에서도 어떤 사람이 무슨 행동을 하거나 생각을 떠올릴 때 그것보다 미세하게 앞서서 뇌에 먼저 변화가 일어난다는 것이 증명되었어. 우리의 의식이 자각하기 전에 말이야.

비유해서 말하자면 내 머릿속에 흘러가는 생각은 저 하늘에 흘러가는 구름 같은 거야. 내가 '구름을 빨리 흘러가게 해야지, 노을이 지게 해야지, 먹구름을 만들어야지' 하는 것들이 소용없듯이, 내 마음 속을 흘러가는 생각과 감정도 나의 의지와 상관없이 흘러간다는 이야기야. 두려움, 공포, 불안. 다 똑같아. 그러니까 그것에 저항하려 하면 할수록 힘들어지는 거지. 아무리 노력해도 구름을 움직이고 마른하늘에 비가 오게 할 수 없거든. 그런데 내가 노력하면 구름이 몰려올 거라 믿는 사람은 노력을 하면 할수록 지치고 힘들어지는 거지.

달님이한테 한 얘기가 그거야. 두려운 마음이 들 때, 그 두려운 마음으로부터 도망가려 할수록 오히려 끌려간다는 것. 그러니 그 두려운 마음을 당당히 마주하고 들여다보라는 것.

사실 어떤 생각을 해도 그 생각이 나를 위험하게 하지 않아. 너무 당연한 거잖아. 생각일 뿐이니까. 그러니 무서운 생각이 들 때, 그 무서운 생각을 더 해보면 저절로 알게 돼. 그걸 피할 필요가 없다는 걸. 아무리 무서운 생각을 해도 실제적인 위해가 가해지지 않는다는 걸. 그렇게 두려운 감정을 똑바로 바라봤을 때에서야 '아! 이게 별것 아니구나!' 하는 생각이 들게 되는 거야.

간단히 이야기하면, 생각이란 하늘 위에 떠다니는 구름과 같은 것, 내가 어떻게 할 수 없는 거야. 그걸 움직이려 노력하면 힘만 뺄 뿐 달라질 게 없으니 그냥 바라보라는 거지. 여기서 바라보는 것을 외면하는 것으로 오해하면 안 돼. '어차피 안 되는 거니까 포기하자'가 아니고 오히려 적극적으로 들여다보는 거야. 그렇게 보다 보면 더 자세히 볼 수 있고 어느 순간 '아무리 무서운 생각을 해도 예상했던 만큼 무섭지는 않네?' 하며 깨닫게 되는 거지.

어두운 곳에서 그림자가 나타났을 때 멀리서 보면 호랑이인지 괴물인지 알 수 없어서 무서운 마음이 들지만 용기를 내어 가까이 다가가 보면 바람에 흔들거리는 나무의 그림자라는 걸 알게 되는 것과 같은 거야.

너무 당연한 말이지만 생각 자체는 나에게 위해를 끼치지 않아. 그리고 우리가 생각으로부터 아무리 도망가려 해도 도망갈 수 없어. 지구 반대편에 가더라도 생각은 내 마음속에 그대로 있을 테니까 말이야. 하지만 반대로 두 눈 똑바로 뜨고 생각을 쳐다보면 그게 위험하지 않다는 걸 저절로 알게 돼. 그게 내가 달님이한테 말해준 거야."

나의 생각을 먼저 바라보기

가만 생각해보니 나도 남편이 말하는 '바라보기' 연습은 남편을 만나면서부터 계속 해왔던 것 같다. 본래 나는 문제에 부닥치면 적극적으로 움직여 해결하려는 사람이었다. 무엇인가 행동을 먼저 취해야 안심이 되었고 그것이 내가 노력하고 있다는 증거로 느껴졌다. 그렇게 이것저것 하다 보면 그 문제가 해결될 것이라고 믿었다. 솔직히 말하면, 머리보다 몸이 앞섰기에 힘도 많이 들고 제대로 해결하지 못할 때도 있었다. 그럴 때 남편은 나에게 '행동하기 전에 먼저 〈그렇게 행동하려고 하는 나의 생각〉을 먼저 바라보라'고 조언했었다.

아이를 키우는 동안 '바라보기' 연습이 계속되었다. 아이를 바라봄으로써 아이가 하는 행동의 속내를 알 수 있었고 나를 바라봄으로써 내가 아이에게 하는 행동의 이유를 다시 살필 수 있었다. 내가 그동안 아이들의 말과 행동 하나하나에 '나를 바라보지 않고' 즉각적으로 반응해왔음을 알게 되었다. 그리고 그렇게 '즉각적으로 반응하는 것이 유능한 엄마'라는 착각 속에서 살고 있었다는 사실도 점차 깨닫게 되었다. 나에게 내 안에 갇혀 내 중심으로 생각하는 버릇이 있었음을 알게 되었다. 아이를 위한 것이라고 생각하고 내렸던 판단이 사실은 나의 불안을 잠재우려는 욕구에 의한 자기중심적 판단이었음을 '바라보기'를 통해 알게 되었다. 그런데 이 '바라보기'가 아이들에게도 두려움과 걱정에 대한 무기가 되어줄 수 있었다니.

다음 날 아침, 눈을 부비며 일어나는 달님이에게 어젯밤 잘 잤냐고 물어보았다. 그러자 달님이가 하는 말.

"엄마! 되게 신기했어요! 무서운 생각을 계속하려고 노력하니까 무서운 생각이 안 나는 거다요! 생각을 하려고 하니까 도망가 버린 거 같아요. 그러고는 기억이 안 나요. 잠들었나 봐요!"

달님이의 얘기를 전해들은 남편은 이런 말을 덧붙였다.

"그 방법은 효과적이지만 아이의 불안을 줄여주는 근본적인 대책은 아니야. 달님이가 갑자기 두려운 마음이 든 것은 분명히 어떤 심리적인 이유가 있었기 때문일 거야. 현실 속에서 실제로 두려움을 느꼈던 어떤 대상이 있는데 상상 속에서 괴물이라는 형태로 변형되어 나타난 것이지. 따라서 달님이의 두려움을 근본적으로 해결하기 위해서는 아이가 실제로 두려움을 느끼는 현실 속의 대상을 찾아내 이를 해결하는 작업이 필요하고, 이는 놀이를 통해서 가능해."

불안을 극복하는
좋은 방법

동료 정신과 의사들과 모인 자리에서 우리나라 전체 국민을 한 명의
개인이라고 놓고 보았을 때 정신과적으로 진단을 내린다면 어떤 질
환에 가장 가까울까 고민해본 적이 있습니다. 그때 저희가 내린 결론
은 '불안장애'가 가장 가까운 진단이 아닐까 하는 것이었습니다. 이는
굳이 정신과적 지식을 동원하지 않더라도 우리가 일상에서 접하는
광고나 마케팅 기술들 중 상당수가 소비자의 '불안'을 자극하는 방법
에 의존하고 있다는 사실에서 간접적으로 확인할 수 있습니다. 아마
도 이렇게 우리가 불안이라는 감정에 휩쓸려 조종당하며 살게 된 것
은 전쟁을 비롯한 각종 불안한 상황들을 겪은 탓도 있을 것입니다.
그런데 많은 소아청소년 정신과 선생님들이 우리나라의 정신과 진
료실에서 만나게 되는 아이들의 심리적 문제의 원인 중 '양육자의 과
도한 불안'이 큰 비중을 차지한다고 이야기합니다. 감정적으로 안정

된 아이로 키우기 위해서는 양육자 본인이 먼저 자신의 불안을 극복해야 할 필요가 있습니다. 양육자의 불안이 원인이 되어 아이에게 심리적 문제를 일으켰을 경우 가장 이상적인 해법은 양육자 본인이 직접 심리상담 등의 방법을 통해 이를 해결하는 것입니다. 그러나 우리가 어린아이를 양육하는 시기는 대부분 시간적으로나 경제적으로 별로 여유가 없는 시기이기에 이런 방법을 쓰는 것이 현실적으로 쉽지 않습니다. 양육자가 심리상담을 받을 수 있는 여건이 되지 않는 경우 스스로 불안을 극복할 수 있는 방법으로는 앞에서 설명한 '불안을 바라보기'가 좋은 방법이 될 수 있습니다.

불안이나 두려움은 누구라도 갖고 태어나는 기본적인 감정입니다. 그런데 상황에 맞지 않는 과도한 불안감은 자라면서 환경에 의해 학습되는 면이 있습니다. 가령 엄마가 우는 아이를 달래려고 '너 자꾸 울면 저기 의사 선생님한테 주사 놔달라고 한대'라고 하거나 '저기 경찰 아저씨한테 너 잡아가라고 한대'라고 하면서 겁을 준다면 당장 울음은 그치게 할 수 있을지 모르지만 아이는 자기도 모르는 새에 흰 의사 가운이나 경찰 복장을 한 사람을 두려워하는 아이로 크게 되겠지요.

아이에게 낯선 사람에 대한 경계심을 일깨우려는 목적으로 '너 요즘 세상이 얼마나 무서운지 알아?' 하면서 뉴스에 나온 범죄사건을 들려주는 것도 신중해야 합니다. 어린아이 시기는 앞으로 살아갈 세상에 대한 '첫인상'을 만들어가는 시기이기 때문입니다. 그 시기에 경각심을 갖게 하려는 목적으로 범죄소식 등을 그대로 들려주면 자칫 세상을 '위험으로 가득 찬 두려운 곳'으로 각인시킬 여지가 있습니다. 그렇게 각인된 아이는 커서도 불특정 다수의 사람들에게 경계심을 갖고 새로운 사람과 관계 맺기를 두려워하는 어른이 되며 배우자조차도 완전히 믿지 못하는 외로운 삶을 살게 됩니다.

또한 원래 불안이 많은 성격의 엄마를 둔 아이는 특별히 말로 겁을 주지 않더라도 엄마로부터 불안을 배우기도 합니다. 하지만 어른이 불안하다고 해서 아이에게 그 불안을 전염시켜서는 안 됩니다. 아이를 보호해주는 것은 분명히 우리 어른들이 해주어야 할 몫입니다. 스스로 자신을 보호할 수 있는 아이로 키우겠다는 명목 아래 아이로 하여금 세상을 두려워하게 만드는 것은 우리의 책임을 아이에게 떠넘기는 것이자 아이가 앞으로 살아갈 세계를 '두려움으로 가득 찬 세계'로 만들어버리는 것과 다름없습니다. 세상을 두려워하게 된 아이는 호기심을 누르게 되고 더 이상 세상을 자유롭게 탐구하고 배울 기회를 잃게 됩니다. 그래서 비록 서로 죽고 죽이는 전쟁터에 태어난 경우이더라도 아이에게만큼은 이 세상을 안전한 곳이라고 믿을 수 있도록 도와주어야 합니다.

아이에게 불안을 가르쳐 경계심이 많은 아이로 자란다고 해서 더 안전한 삶을 살게 되리라는 보장도 없습니다. 진짜 위험한 상황은 예고 없이 들이닥치는 경우가 많은데 그럴 때 불안이라는 감정에 압도되어서 정작 아무 대처도 할 수 없게 되어버리기 때문입니다. 반면에 불안이 많지 않은 사람은 차분하게 대처할 수 있기 때문에 더 쉽게 위험으로부터 벗어날 수 있습니다.

마지막으로, 이 책을 읽으며 공감을 느끼신 분이라 하더라도 막상 비슷한 상황을 만나면 실제로 적용하기가 쉽지 않음을 느낄 것입니다. 그럴 때는 혹시 '불안'이란 벽이 나를 가로막고 있는 것은 아닌지 한번 살펴보시기를 바랍니다. 그리고 잠시 멈추어 서서 그 감정을 느껴보시기를 권해드립니다. 그럼 저절로 그 불안이 과연 적절한 것인지 아닌지 알게 될 것입니다. 그리고 좀 더 현명하게 처신할 수 있을 겁니다.

마치며

아이는 우리를 비춰주는 거울입니다. 거울 안의 모습은 나의 모습을 바꾸면 저절로 바뀝니다. 그런 점에서 나의 몸과 마음을 건강하게 유지할 수 있는 사람만이 아이를 건강하게 키울 수 있다는 생각이 듭니다.

나의 몸과 마음을 건강하게 유지하기 위해서는 우선 내 몸과 마음이 하는 말을 들을 수 있는 귀를 열어 두어야 합니다. 나의 몸이 하는 말조차 들을 수 있는 귀가 없거나 혹은 듣고도 무시하는 사람은 아이의 말에도 귀를 기울일 수 없습니다.

엄마가 아이를 다루는 방식은 사실 엄마가 자기 자신을 다루는 방식의 복사본입니다. 스스로 자신을 몰아붙여 괴롭게 하는 엄마는 자신의 아이도 윽박지르게 됩니다. 그 결과로 아이 역시 스스로를 몰아붙이며 괴로워하는 사람이 됩니다.

자기 자신이 방향을 잡지 못해 주변 상황에 끌려다니며 괴로워하는 엄마는 아이에게도 단호해지지 못하고 끌려다니고 그 결과 아이 역시 스스로의 마음을 통제하지 못해 괴로움을 겪게 됩니다.

아이에게 미운 마음이 드는 엄마는 사실 자기 자신을 미워하는 사람입니다. 내 아이를 현명한 아이로 키우고 싶다면 엄마 자신이 먼저 본인에게 따뜻하게 대하고 스스로 방향을 잡아 줄 수 있는 사람이 되어야 합니다.

그때 비로소 아이 역시 엄마의 모습을 본받아 자기 자신을 사랑하고 다른 사람에게 휘둘림 없이 자신의 의지로 삶을 이끄는 사람으로 클 수 있습니다. 그런 점에서 육아는 나 자신을 만들어가는 일입니다.

또한 아이는 자신이 건강하게 자랄 수 있는 방법을 누구보다도 잘 알고 있으며 본능적으로 그 길을 걷고 있는 존재들입니다. 따라서 우리가 할 수 있는 최선의 역할은 아이에게 무언가를 해주는 것보다는 아이가 스스로 성장하는 자연스러운 과정을 지켜보며 그것이 방해받지 않도록 지켜주는 것입니다.

아이는 거울처럼 우리를 비추어줄 뿐 아니라 우리가 마땅히 걸어가야 할 길을 열어 주는 존재이기도 합니다. 만약 이 세상에 아이가 없다면 우리는 결코 성숙해질 수 없을 것입니다.

세 아이의 육아로 바쁜 와중에도 남편의 성가신 잔소리를 흘려 듣지 않고 차곡차곡 모아 갈무리해준 아내에게 깊은 감사의 마음을 전합니다.

김학철

2017
세종도서 교양부문

스스로 마음을 지키는 아이

초판 1쇄 발행일 2017년 5월 17일
초판 11쇄 발행일 2023년 7월 20일

지은이 송미경, 김학철

발행인 윤호권
사업총괄 정유한

편집 강현호 **디자인** 전경아 **마케팅** 김솔희
발행처 ㈜시공사 **주소** 서울시 성동구 상원1길 22, 6-8층(우편번호 04779)
대표전화 02-3486-6877 **팩스(주문)** 02-585-1755
홈페이지 www.sigongsa.com / www.sigongjunior.com

글 ⓒ 송미경, 김학철, 2017

ISBN 978-89-527-7843-7 03590

*시공사는 시공간을 넘는 무한한 콘텐츠 세상을 만듭니다.
*시공사는 더 나은 내일을 함께 만들 여러분의 소중한 의견을 기다립니다.
*잘못 만들어진 책은 구입하신 곳에서 바꾸어 드립니다.

WEPUB 원스톱 출판 투고 플랫폼 '위펍' _wepub.kr
위펍은 다양한 콘텐츠 발굴과 확장의 기회를 높여주는
시공사의 출판IP 투고·매칭 플랫폼입니다.